★ 초등 선생님이 콕 집은 ★

제대로
수학개념

초등 **5~6**학년 | 교과 연계 도서

초등 선생님이 콕 집은

제대로 수학개념 초등 5~6학년

지은이 장은주, 김정혜, 이지연
그린이 이창우
펴낸이 정규도
펴낸곳 (주)다락원

초판 1쇄 발행 2016년 7월 8일
　　3쇄 발행 2023년 5월 25일

편집총괄 최운선
책임편집 김혜란
디자인 김성희, 이승현
표지 디자인 디자인그룹올

다락원 경기도 파주시 문발로 211
내용문의: (02)736-2031 내선 275
구입문의: (02)736-2031 내선 250~252
Fax: (02)732-2037
출판등록 1977년 9월 16일 제406-2008-000007호

ISBN 978-89-277-4644-7 64410
　　　978-89-277-4643-0 64410(세트)

http://www.darakwon.co.kr
다락원 홈페이지를 통해 인터넷 주문을 하시면 자세한 정보와 함께
다양한 혜택을 받으실 수 있습니다.

★ 초등 선생님이 콕 집은 ★

제대로
수학개념

오답에서 oh~답으로!

초등 5~6학년 | 교과 연계 도서

장은주 · 김정혜 · 이지연 지음

다락원

개념을 잘 다지면
어떤 문제도 어렵지 않아요.

시대에 따라 필요한 수학적 지식은 다르다고 합니다. 현대 사회에서 수학은 경제 활동이나 행정 영역 등에서 여러 가지로 활용되고 있고, 특히 컴퓨터의 발달로 과학 기술 향상의 밑바탕이 되는 지식이 되었지요. 그래서 수량적인 사고와 개념을 잘 익히고 다양하게 활용할 수 있다면 시대가 필요로 하는 창의성을 발휘할 수 있답니다.

수학을 잘하는 아이는 어떤 아이일까요? 더하기, 빼기, 곱하기, 나누기를 잘하는 아이가 수학을 잘하는 걸까요? 우리가 흔히 사칙연산이라고 이야기하는 더하기, 빼기, 곱하기, 나누기를 잘하면 수학 문제를 해결하는 데 많은 도움이 됩니다. 그리고 기본적인 사칙연산은 수학 문제를 푸는 데 필수적 요소임은 분명하지요. 그런데 학교에서 아이들을 가르치다 보면, 수학 시험에서 백점을 맞아도 정작 문제의 원리는 모른 채 계산 방법에만 익숙한 아이들이 많다는 것을 알 수 있습니다.

수학에 대한 기본적인 개념 없이 정해진 방법대로 계산만 빠르게 하는 아이들은 문제 유형이 조금만 바뀌어도 풀지 못해서 쩔쩔매곤 합니다. 원리를 생각하고 방법을 사고하는 수학이 아니라, 연

습과 반복으로 계산 능력만 키웠기 때문에 금방 좌절을 겪게 되는 것이지요. 이것은 겉으로 보기에는 세찬 바람이 불어도 끄떡없을 것 같은 나무가 약한 바람에도 픽 하고 쓰러지는 것과 같아요. 태풍이 불어도 쓰러지지 않기 위해서는 뿌리가 튼튼한 나무가 되어야 하죠.

초등학교 수학은 바람이 불어도 쓰러지지 않는 튼튼한 나무가 되기 위한 뿌리내리기 단계예요. 뿌리를 깊고 단단하게 내리기 위해 기본적인 수학개념을 먼저 알고 계산 능력을 키워야 합니다. 수학에 대한 기본적인 개념을 익혀서, 바람이 불어도 쓰러지지 않는 튼튼한 나무가 되기를 바랍니다.

여러분이 튼튼한 나무로 자랄 수 있게 도와주는
장은주, 김정혜, 이지연 선생님 씀

만점 비법을 알려 줄게!

왜 오답을 쓰게 될까요? 개념을 이해 못한 아이들이
물어볼 만한 질문으로 **호기심을 UP! UP!**
교과 과정 중 어디와 관련된 부분인지 표시했어요.

하나!

둘!

셋!

개념을 잘못 이해한 상황에서
벌어질 수 있는 일들이에요.
만화 속 주인공이 내 모습 같진
않은지 생각해 보면 재미있겠죠?

기본을 잘못 알고 있으면 오답은
걷잡을 수 없이 번져요.
한 번 틀린 문제를 또 틀리지 않도록
기본 개념을 확실하게 잡아 줍니다.

개념이 머릿속에 단단히 뿌리내릴 수 있도록
기본에서 더 확장된 개념, 관련 문제 풀이 등을 더했어요.

넷!

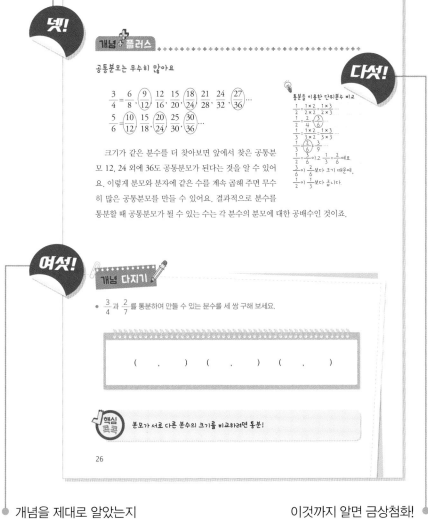

개념➕플러스 ••••••••••••••••••

공통분모는 무수히 많아요

$$\frac{3}{4} = \frac{6}{8}, \boxed{\frac{9}{12}}, \frac{12}{16}, \frac{15}{20}, \boxed{\frac{18}{24}}, \frac{21}{28}, \frac{24}{32}, \boxed{\frac{27}{36}} \cdots$$

$$\frac{5}{6} = \boxed{\frac{10}{12}}, \frac{15}{18}, \boxed{\frac{20}{24}}, \frac{25}{30}, \boxed{\frac{30}{36}} \cdots$$

크기가 같은 분수를 더 찾아보면 앞에서 찾은 공통분모 12, 24 외에 36도 공통분모가 된다는 것을 알 수 있어요. 이렇게 분모와 분자에 같은 수를 계속 곱해 주면 무수히 많은 공통분모를 만들 수 있어요. 결과적으로 분수를 통분할 때 공통분모가 될 수 있는 수는 각 분수의 분모에 대한 공배수인 것이죠.

다섯!

통분을 이용한 단위분수 비교

$$\frac{1}{2} = \frac{1 \times 2}{2 \times 2} = \frac{1 \times 3}{2 \times 3}$$

$$\frac{1}{2} = \frac{3}{4} \boxed{\frac{3}{6}}$$

$$\frac{1}{3} = \frac{1 \times 2}{3 \times 2} = \frac{1 \times 3}{3 \times 3}$$

$$\frac{1}{3} = \boxed{\frac{2}{6}} \frac{3}{9}$$

$\frac{1}{2} = \frac{3}{6}$ 이고 $\frac{1}{3} = \frac{2}{6}$ 예요.

$\frac{3}{6}$ 이 $\frac{2}{6}$ 보다 크기 때문에,

$\frac{1}{2}$ 이 $\frac{1}{3}$ 보다 큽니다.

여섯!

개념 다지기 ✏️

• $\frac{3}{4}$ 과 $\frac{2}{7}$ 를 통분하여 만들 수 있는 분수를 세 쌍 구해 보세요.

(,   )   (,   )   (,   )

핵심 콕콕 분모가 서로 다른 분수의 크기를 비교하려면 통분!

26

개념을 제대로 알았는지
문제를 풀면서 확인해 보아요.
답은 맨 뒤에! 친절한 해설은 덤!
핵심을 알고 문제를 풀면 **백전백승**이에요!

이것까지 알면 금상첨화!
하나 더 보태면
영양가가 높아집니다.

차례

1 분수

2 소수

3 도형

4 | 비

5 | 측정

6 | 통계

개념 다지기 | 정답

오답에서 Oh~답으로!

1

분수

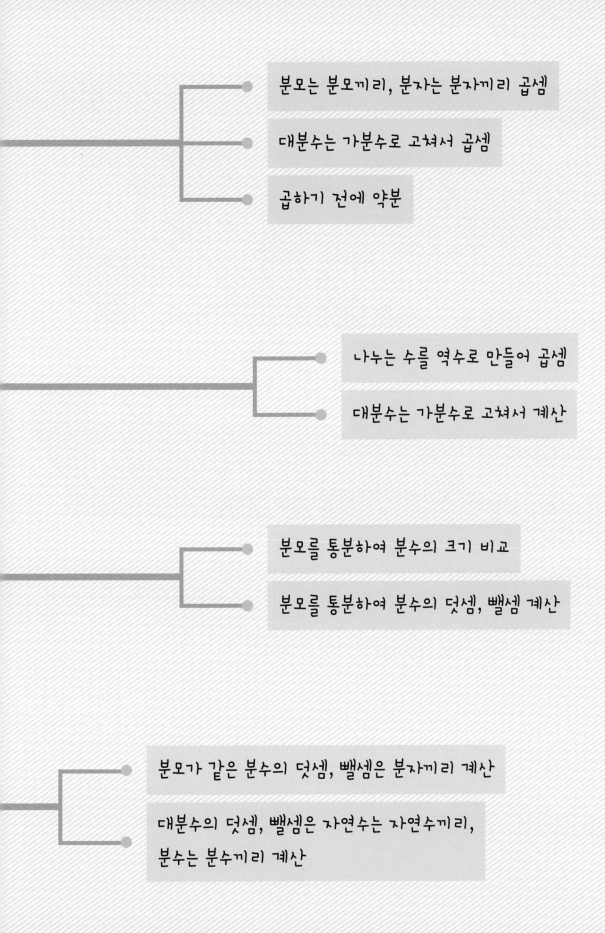

분모는 분모끼리, 분자는 분자끼리 곱셈

대분수는 가분수로 고쳐서 곱셈

곱하기 전에 약분

나누는 수를 역수로 만들어 곱셈

대분수는 가분수로 고쳐서 계산

분모를 통분하여 분수의 크기 비교

분모를 통분하여 분수의 덧셈, 뺄셈 계산

분모가 같은 분수의 덧셈, 뺄셈은 분자끼리 계산

대분수의 덧셈, 뺄셈은 자연수는 자연수끼리, 분수는 분수끼리 계산

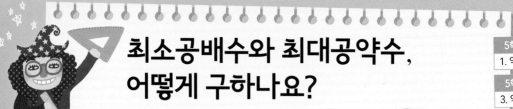

최소공배수와 최대공약수, 어떻게 구하나요?

5학년 1학기
1. 약수와 배수

5학년 1학기
3. 약분과 통분

최소공배수가 뭘까요?

			최소공배수			공배수			공배수		
8의 배수	8	16	24	32	40	48	56	64	72	…
12의 배수	12	24	36	48	60	72	84	96	108	…

두 수의 공통인 배수를 공배수라고 해요. 공배수 중에서 가장 작은 수는 '최소공배수'라고 하지요. 8과 12의 최소공배수는 24예요.

배수: 어떤 수의 배가 되는 수

약수: 어떤 수를 나누어떨어지게 하는 수

최대공약수가 뭘까요?

		공약수	공약수	공약수		최대공약수		
12의 약수	1	2	3	4		6	12	
18의 약수	1	2	3	6		9	18	

두 수의 공통인 약수를 공약수라고 해요. 공약수 중에서 가장 큰 수는 '최대공약수'라고 하지요. 12와 18의 최대공약수는 6이에요.

최소공배수는 분수를 통분할 때, 최대공약수는 분수를 약분할 때 쓴단다.

아~ 그렇구나!

개념 ➕ 플러스

최소공배수 구하기

각각의 수를 작은 수들의 곱으로 나타내어 구하기

$8 = 2 \times 2 \times 2$ $12 = 2 \times 2 \times 3$

$2 \times 2 \times 2 \times 3 = 24$

8과 12의 최소공배수

공통인 수의 곱에 나머지 수를 모두 곱해 주면 두 수의 최소공배수를 구할 수 있어요.

나눗셈으로 구하기

$$\begin{array}{r} 2\,)\underline{8\quad 12} \\ 2\,)\underline{4\quad 6} \\ 2\quad 3 \end{array}$$

$2 \times 2 \times 2 \times 3 = 24$

8과 12의 최소공배수

두 수가 동시에 나누어지지 않을 때까지 나눈 다음, 나눈 수와 남은 몫을 모두 곱하면 두 수의 최소공배수를 구할 수 있어요.

최대공약수 구하기

각각의 수를 작은 수들의 곱으로 나타내어 구하기

$$12 = 2 \times 2 \times 3 \qquad 18 = 2 \times 3 \times 3$$

6   6

12와 18의 최대공약수

공통인 수를 곱하면 최대공약수를 구할 수 있어요.

12와 18의 공약수 ← 2) 12 18
6과 9의 공약수 ← 3) 6   9
            2   3

$2 \times 3 = 6$ → 12와 18의 최대공약수

나눗셈으로 구하기

두 수가 동시에 나누어지지 않을 때까지 나눈 다음, 나눈 수만 모두 곱하면 두 수의 최대공약수를 구할 수 있어요.

개념 다지기

- 12와 30의 최소공배수와 최대공약수를 구해 보세요.

핵심 콕콕 공배수 중에서 가장 작은 수는 최소공배수! 공약수 중에서 가장 큰 수는 최대공약수!

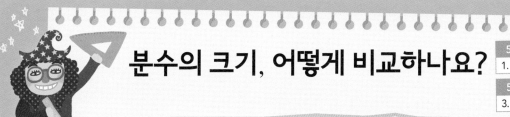

분수의 크기, 어떻게 비교하나요?

5학년 1학기
1. 약수와 배수

5학년 1학기
3. 약분과 통분

개념 익히기

분수가 뭘까요?

> 부분의 수(분자)
> ──────────────
> 전체를 똑같이 나눈 수(분모)

자연수 5, 4, 3, 2 중에서는 5가 제일 크고 2가 제일 작은 것이 맞지만 분수에서는 달라요. 분수는 전체에 대한 부분이 얼마큼인지 나타내는 것이기 때문이에요.

단위분수

분자의 크기가 1인 분수를 '단위분수'라고 해요. $\frac{1}{2}$, $\frac{1}{3}$, $\frac{1}{4}$, $\frac{1}{5}$ 등이 단위분수이고, $\frac{4}{5}$, $\frac{3}{4}$, $\frac{2}{3}$ 등은 분자가 1이 아니기 때문에 단위분수가 아니에요.

17

$\frac{1}{2}$ 보다 $\frac{1}{5}$ 이 더 큰 것일까요?

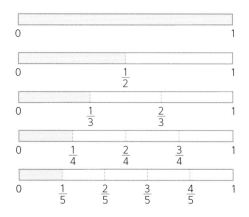

$$\frac{1}{2} \rangle \frac{1}{3} \rangle \frac{1}{4} \rangle \frac{1}{5}$$

석대는 $\frac{1}{5}$ 이 제일 클 줄 알고 제일 먼저 골랐지만 그림에서 보이듯 $\frac{1}{5}$ 은 제일 작은 크기예요. 1개를 5로 똑같이 나눈 것 중 하나인 것이지요. 반면에 $\frac{1}{2}$ 은 1개를 2로 똑같이 나눈 것 중 하나예요. $\frac{1}{2}$ 이 $\frac{1}{5}$ 보다 훨씬 큰 것이죠. 그래서 은주는 제일 큰 피자를 먹을 수 있어요.

몇 등분인지 알아야 해요

분수의 분모는 전체를 등분(等分: 똑같이 나누다)한 개수예요. 하나를 2등분한 조각은 하나를 3등분한 조각보다 크기가 크겠지요. 전체를 몇 등분했느냐에 따라서 단위조각의 크기가 달라지며, 등분한 수가 작을수록 단위조각의 크기가 커져요.

등분 수에 따라 달라지는 단위조각의 크기

$$\frac{1}{2}\quad\bigcirc\qquad\frac{1}{3}\quad\bigcirc\qquad\frac{1}{5}\quad\bigcirc$$

또한, 단위가 하나씩 더해지면 얼마든지 새로운 양을 만들 수 있어요.

$$\frac{1}{3}+\frac{1}{3}=\frac{2}{3}$$

$$\frac{1}{4}+\frac{1}{4}+\frac{1}{4}=\frac{3}{4}$$

$$\frac{1}{5}+\frac{1}{5}+\frac{1}{5}+\frac{1}{5}=\frac{4}{5}$$

분자가 분모보다 1만큼 작은 분수끼리의 크기 비교

전체를 둘로 똑같이 나눈 것 중의 하나는 $\dfrac{1}{2}$

전체를 셋으로 똑같이 나눈 것 중의 둘은 $\dfrac{2}{3}$

전체를 넷으로 똑같이 나눈 것 중의 셋은 $\dfrac{3}{4}$

전체를 다섯으로 똑같이 나눈 것 중의 넷은 $\dfrac{4}{5}$

$$\frac{4}{5} \rangle \frac{3}{4} \rangle \frac{2}{3} \rangle \frac{1}{2}$$

조각의 색이 가장 많이 칠해져 있는 것이 가장 큰 분수예요. 이것을 보고 우리는 분자가 분모보다 1만큼 작은 분수끼리 비교할 때에는, 분모가 클수록 분수의 크기가 크다는 것을 알 수 있어요.

개념 다지기

● 다음 분수를 크기가 큰 것부터 써 보세요.

$$\frac{5}{6}, \frac{6}{7}, \frac{4}{5}, \frac{9}{10}, \frac{3}{4} \Rightarrow \boxed{} \rangle \boxed{} \rangle \boxed{} \rangle \boxed{} \rangle \boxed{}$$

●● 다음 분수를 크기가 작은 것부터 써 보세요.

$$\frac{1}{2}, \frac{1}{3}, \frac{1}{5}, \frac{1}{7}, \frac{1}{9} \Rightarrow \boxed{} \langle \boxed{} \langle \boxed{} \langle \boxed{} \langle \boxed{}$$

 핵심 콕콕 단위분수에서는 분모의 크기가 작을수록 더 큰 분수!

크기가 같은 분수는 어떻게 만들어요?

5학년 1학기
1. 약수와 배수

5학년 1학기
3. 약분과 통분

조각 3개와 조각 1개가 똑같다고요?

동생이 먹은 피자

동생의 피자를 합친 모습

언니가 먹은 피자

동생이 먹은 피자는 전체를 9로 똑같이 나눈 것 중의 3개인 $\dfrac{3}{9}$ 이고, 언니가 먹은 피자는 전체를 3으로 똑같이 나눈 것 중의 하나인 $\dfrac{1}{3}$ 이에요. 동생은 3개를 먹었지만 세 조각을 합쳐 보면 크기가 같아요. 즉, $\dfrac{1}{3}$ 과 $\dfrac{3}{9}$ 은 같은 크기의 분수예요.

21

크기가 같은 분수

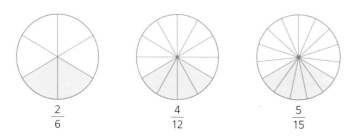

$\dfrac{2}{6}$ 는 전체를 6으로 똑같이 나눈 것 중의 2개이고, $\dfrac{4}{12}$ 는 전체를 12로 똑같이 나눈 것 중의 4개, $\dfrac{5}{15}$ 는 전체를 15로 똑같이 나눈 것 중의 5개예요. 그런데 원에 분수의 크기를 나타내 보면 $\dfrac{2}{6}$, $\dfrac{4}{12}$, $\dfrac{5}{15}$ 가 모두 같은 크기라는 것을 알 수 있어요. 이 분수들은 $\dfrac{1}{3}$ 을 나타낸 것과 같아요.

같은 크기를 가진 분수의 특징

$$\frac{1 \times 1}{3 \times 1} = \frac{1 \times 2}{3 \times 2} = \frac{1 \times 3}{3 \times 3} = \frac{1 \times 4}{3 \times 4} = \frac{1 \times 5}{3 \times 5} \cdots$$

분모와 분자에 0이 아닌 같은 수를 곱하면 크기가 같은 분수가 됩니다. 분모가 2배, 3배, 4배, 5배… 늘어날 때마다 분자도 똑같이 2배, 3배, 4배, 5배… 늘어나지요.

$$\frac{1}{3} = \frac{2}{6}, \ \frac{3}{9}, \ \frac{4}{12}, \ \frac{5}{15} \cdots$$

이렇게 분모와 분자에 같은 수를 곱하다 보면 $\dfrac{1}{3}$ 과 크기가 같은 분수가 무수히 많이 생기게 돼요.

$\dfrac{1}{3}$, $\dfrac{1}{4}$, $\dfrac{1}{5}$ … 같은 단위분수만 '같은 크기'의 분수를 가질까요?

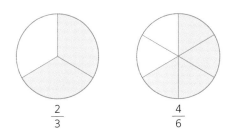

$\dfrac{2}{3}$는 전체를 3으로 나눈 것 중의 2개이고, $\dfrac{4}{6}$는 전체를 6으로 나눈 것 중의 4개입니다. 원에 나타내 보면 두 분수가 같은 크기라는 것을 알 수 있어요. 단위분수든 아니든, 분수는 크기가 같은 수많은 분수들을 가지고 있는 것이지요.

$$\frac{2\times1}{3\times1}=\frac{2\times2}{3\times2}=\frac{2\times3}{3\times3}=\frac{2\times4}{3\times4}=\frac{2\times5}{3\times5}\cdots$$

분수의 분모와 분자에 각각 2배, 3배, 4배, 5배…씩 해 주면 크기가 같은 분수들을 무수히 만들 수 있답니다.

• $\dfrac{2}{5}$와 크기가 같은 분수를 5개 적어 보세요.

분모가 2배, 3배, 4배, 5배… 늘어날 때마다 분자도 2배, 3배, 4배, 5배… 해 주면 크기가 같은 분수를 만들 수 있다!

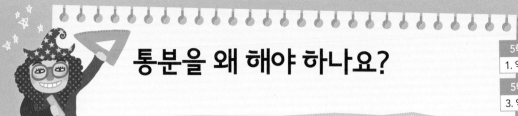

통분을 왜 해야 하나요?

5학년 1학기
1. 약수와 배수

5학년 1학기
3. 약수와 통분

정확하게 그려야 하는데….

뭐 그려?

$\frac{3}{4}$과 $\frac{5}{6}$ 중에서 뭐가 더 큰지 알고 싶어서 그리고 있어.

뭘 이렇게 어렵게 해? 통분하면 되지!

개념 익히기

통분이 뭘까요?

$\frac{3}{4}$과 $\frac{5}{4}$를 비교하면 $\frac{5}{4}$가 더 크다는 것을 한눈에 알 수 있어요. $\frac{3}{6}$과 $\frac{5}{6}$를 비교해도 $\frac{5}{6}$가 더 크다는 것을 쉽게 알 수 있지요. 그런데 $\frac{3}{4}$과 $\frac{5}{6}$는 어느 것이 더 큰지 한눈에 알기 어려워요. 이렇게 분모가 다른 두 분수 중 어느 것이 더 큰지 알기 위해서는 분모를 같게 만들어서 비교해 보는 것이 쉬워요. 분모를 같게 만드는 과정이 바로 통분이랍니다.

통분하는 방법

두 분모의 최소공배수를 공통분모로 하기

$$\frac{3}{4} = \frac{3 \times 2}{4 \times 2} = \frac{3 \times 3}{4 \times 3} = \frac{3 \times 4}{4 \times 4} = \frac{3 \times 5}{4 \times 5} = \frac{3 \times 6}{4 \times 6} = \frac{3 \times 7}{4 \times 7} \cdots$$

$$\Rightarrow \frac{3}{4} = \frac{6}{8} = \boxed{\frac{9}{12}} = \frac{12}{16} = \frac{15}{20} = \boxed{\frac{18}{24}} \cdots$$

$$\frac{5}{6} = \frac{5 \times 2}{6 \times 2} = \frac{5 \times 3}{6 \times 3} = \frac{5 \times 4}{6 \times 4} = \frac{5 \times 5}{6 \times 5} = \frac{5 \times 6}{6 \times 6} = \frac{5 \times 7}{6 \times 7} \cdots$$

$$\Rightarrow \frac{5}{6} = \boxed{\frac{10}{12}} = \frac{15}{18} = \boxed{\frac{20}{24}} = \frac{25}{30} \cdots$$

$\dfrac{3}{4}$ 과 $\dfrac{5}{6}$ 를 통분하기 위해서 크기가 같은 분수를 각각 구했더니, $\dfrac{3}{4} = \dfrac{9}{12} = \dfrac{18}{24}$ 이고 $\dfrac{5}{6} = \dfrac{10}{12} = \dfrac{20}{24}$ 임을 알 수 있었어요. 공통분모 12, 24는 두 분모 4와 6의 공배수랍니다. 공통분모가 될 수 있는 수 중에서 가장 작은 수는 4와 6의 최소공배수인 12예요.(최소공배수로 통분을 하면 계산이 편리해진다는 장점이 있어요.) $\dfrac{9}{12}$ 가 $\dfrac{10}{12}$ 보다 작으므로, $\dfrac{3}{4}$ 이 $\dfrac{5}{6}$ 보다 작음을 알 수 있어요.

분모의 곱을 공통분모로 하기

$$\frac{3}{4} = \frac{3 \times 6}{4 \times 6} = \frac{18}{24}$$

$$\frac{5}{6} = \frac{5 \times 4}{6 \times 4} = \frac{20}{24}$$

두 분모의 곱을 공통분모로 하여 통분할 수도 있어요. $\dfrac{3}{4}$ 과 $\dfrac{5}{6}$ 는 분모 4와 6의 곱인 24가 공통분모가 된답니다. 이때, 분모에 곱해지는 수만큼 분자에 곱해야 한다는 것을 기억하세요.

공통분모는 무수히 많아요

$$\frac{3}{4} = \frac{6}{8}, \frac{9}{12}, \frac{12}{16}, \frac{15}{20}, \frac{18}{24}, \frac{21}{28}, \frac{24}{32}, \frac{27}{36} \cdots$$

$$\frac{5}{6} = \frac{10}{12}, \frac{15}{18}, \frac{20}{24}, \frac{25}{30}, \frac{30}{36} \cdots$$

통분을 이용한 단위분수 비교

$$\frac{1}{2} = \frac{1 \times 2}{2 \times 2} = \frac{1 \times 3}{2 \times 3} \cdots$$

$$\frac{1}{2} = \frac{2}{4} = \frac{3}{6} \cdots$$

$$\frac{1}{3} = \frac{1 \times 2}{3 \times 2} = \frac{1 \times 3}{3 \times 3} \cdots$$

$$\frac{1}{3} = \frac{2}{6} = \frac{3}{9} \cdots$$

$\frac{1}{2} = \frac{3}{6}$ 이고 $\frac{1}{3} = \frac{2}{6}$ 예요.

$\frac{3}{6}$ 이 $\frac{2}{6}$ 보다 크기 때문에,

$\frac{1}{2}$ 이 $\frac{1}{3}$ 보다 큽니다.

크기가 같은 분수를 더 찾아보면 앞에서 찾은 공통분모 12, 24 외에 36도 공통분모가 된다는 것을 알 수 있어요. 이렇게 분모와 분자에 같은 수를 계속 곱해 주면 무수히 많은 공통분모를 만들 수 있어요. 결과적으로 분수를 통분할 때 공통분모가 될 수 있는 수는 각 분수의 분모에 대한 공배수인 것이죠.

개념 다지기

- $\dfrac{3}{4}$ 과 $\dfrac{2}{7}$ 를 통분하여 만들 수 있는 분수를 세 쌍 구해 보세요.

(,   )   (,   )   (,   )

핵심 콕콕

분모가 서로 다른 분수의 크기를 비교하려면 통분!

$\frac{5}{7} - \frac{2}{7} = \frac{3}{0}$ 아닌가요?

나는 다 빼 버리는 뺄셈맨!

이것도 빼면 인정해 주겠다.
$\frac{5}{7} - \frac{2}{7}$는 뭐냐?

당연히 $\frac{3}{0}$이다!

진짜 다 빼 버렸네!
푸하하하하!

개념 익히기

분수의 뺄셈은 어떻게 하나요?

$\frac{5}{7} - \frac{2}{7}$를 그림으로 나타내면 아래와 같아요.

단위

똑같은 것 여러 개가 모여 큰 것을 만들 때,
기본이 되는 한 덩어리를 단위라고 해요.
우리가 사용하는 숫자 1, 2, 3, 4, 5…는
단위를 1로 하고 있어요. 그래서 가장 작은 양은
1이고, 거기서 1씩 커지면서 차례로 새로운 양
2, 3, 4, 5…가 되어요.

27

$\frac{5}{7} - \frac{2}{7}$ 는 ($\frac{1}{7}$ 단위분수 5개)−($\frac{1}{7}$ 단위분수 2개)를 의미하기 때문이지요. 분모가 같은 분수는 뺄셈할 때 분모는 그대로 두고, 분자끼리만 빼 주면 돼요. 그런데 뺄셈맨은 분모도 빼서 틀린 거랍니다. $\frac{3}{7}$이라고 대답했어야 악당에게 인정받을 수 있었던 것이죠.

분수의 단위

분수의 단위는 분자가 1인 단위분수예요. $\frac{1}{2}$, $\frac{1}{3}$, $\frac{1}{4}$, $\frac{1}{5}$, $\frac{1}{6}$, $\frac{1}{7}$ … 등이 모두 각각의 단위가 되어 하나씩 커지면서 새로운 양이 되지요.

예를 들어, $\frac{1}{5}$ 단위의 분수는 하나씩 더해질 때마다 $\frac{2}{5}$, $\frac{3}{5}$, $\frac{4}{5}$ …로 늘어나며 새로운 양이 되어요.

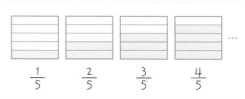

$\frac{1}{5}$ $\frac{2}{5}$ $\frac{3}{5}$ $\frac{4}{5}$

이처럼 분수는 단위분수가 몇 개 모인 수인지, 그 크기를 나타내는 거랍니다.

개념 플러스

분모가 같은 대분수의 뺄셈은 어떻게 할까요?

$3\frac{5}{7} - 1\frac{2}{7}$ 를 그림으로 나타내면 아래와 같아요.

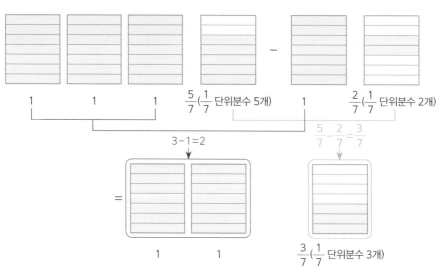

$3\frac{5}{7} - 1\frac{2}{7} = 2\frac{3}{7}$ 자연수는 자연수끼리 빼고, 분수는 분수끼리 빼면 된답니다.

28

분모가 같은 분수의 덧셈도 생각해 볼까요?

$\dfrac{7}{16} + \dfrac{4}{16}$ 를 그림으로 나타내면 아래와 같아요.

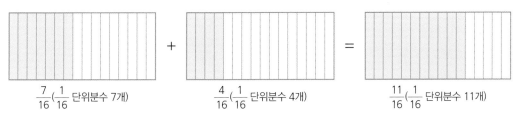

$\dfrac{7}{16}$($\dfrac{1}{16}$ 단위분수 7개) $\dfrac{4}{16}$($\dfrac{1}{16}$ 단위분수 4개) $\dfrac{11}{16}$($\dfrac{1}{16}$ 단위분수 11개)

분모가 같은 분수의 덧셈도 뺄셈과 똑같이 분모는 그대로 두고 분자끼리 계산하면 된답니다.

개념 다지기

- 우유가 $\dfrac{7}{9}$ L 남아 있었습니다. 내가 $\dfrac{2}{9}$ L를 마셨다면 남은 우유는 몇 L일까요?

•• 어제는 빵을 $\dfrac{2}{7}$ 만큼 먹었고, 오늘은 $\dfrac{3}{7}$ 만큼 먹었습니다. 이틀 동안 먹은 빵은 모두 얼마큼일까요?

핵심 콕콕

분모가 같은 분수의 덧셈과 뺄셈은, 분모는 그대로 두고 분자끼리 계산!

29

$\dfrac{1}{3} + \dfrac{1}{4}$ 은 왜 $\dfrac{2}{7}$ 가 아닐까요?

개념 익히기

분모가 다른 분수의 덧셈은 어떻게 할까요?

$\dfrac{1}{3} + \dfrac{1}{4}$ 을 그려서 나타내면 아래와 같아요.

💡 분모가 다른 분수의 덧셈에서는 통분이 필요하답니다. 통분할 때 두 분모의 최소공배수를 이용하면 편리해요.

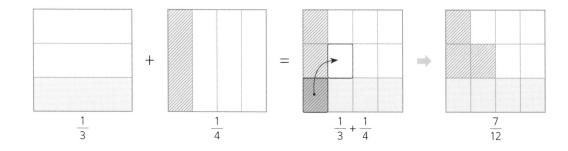

$$\dfrac{1}{3} \qquad + \qquad \dfrac{1}{4} \qquad = \qquad \dfrac{1}{3} + \dfrac{1}{4} \qquad \Rightarrow \qquad \dfrac{7}{12}$$

$\dfrac{1}{3}$과 $\dfrac{1}{4}$을 겹쳐서 나온 작은 네모 한 칸의 크기는 전체를 12로 나눈 것 중의 1개예요. 이것은 분수로 따지면 $\dfrac{1}{12}$이지요. 그림에서 두 번 칠해진 한 칸을 추가해 그려 넣으면 $\dfrac{1}{3}+\dfrac{1}{4}$의 값은 $\dfrac{1}{12}$ 단위분수 7개라는 것을 알 수 있어요. 그래서 정답은 $\dfrac{7}{12}$이에요. $\dfrac{7}{12}$의 분모 '12'는 3과 4의 최소공배수랍니다.

분모가 서로 다른 분수를 더할 땐 분모는 분모끼리 분자는 분자끼리 더하는 것이 아니라 통분을 한 후 분수의 단위를 같게 해서 계산해야 해요.

$$\dfrac{1}{3}+\dfrac{1}{4}=\dfrac{1\times4}{3\times4}+\dfrac{1\times3}{4\times3}=\dfrac{4}{12}+\dfrac{3}{12}=\dfrac{7}{12}$$

통분을 해요.

분모가 같은 분수의 덧셈이 돼요.

개념 플러스

$\dfrac{1}{3}+\dfrac{2}{5}$의 값을 구해 보세요

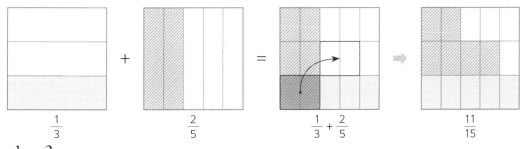

$$\dfrac{1}{3} \qquad + \qquad \dfrac{2}{5} \qquad = \qquad \dfrac{1}{3}+\dfrac{2}{5} \qquad \Rightarrow \qquad \dfrac{11}{15}$$

$\dfrac{1}{3}+\dfrac{2}{5}$를 그림으로 표시하면 위와 같아요. 두 네모를 겹쳐서 나온 네모 칸은 모두 15개이고, 한 칸은 $\dfrac{1}{15}$이라는 것을 알 수 있어요. 두 번 칠해진 곳을 따로 추가하면, 답은 $\dfrac{1}{15}$ 단위분수 11개인 $\dfrac{11}{15}$이라는 것을 알 수 있어요. 통분한 분모 '15' 역시 분모 3과 5의 최소공배수예요.

$$\dfrac{1}{3}+\dfrac{2}{5}=\dfrac{1\times5}{3\times5}+\dfrac{2\times3}{5\times3}=\dfrac{5}{15}+\dfrac{6}{15}=\dfrac{11}{15}$$

분모가 다른 분수 $\frac{3}{4} - \frac{1}{3}$의 뺄셈은 어떻게 할까요?

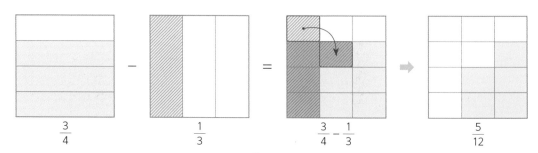

네모 2개를 합쳐 만든 네모 한 칸은 $\frac{1}{12}$을 의미하는 단위분수예요. 이 중 우리는

빗금 친 부분만큼을 빼야 해요. 빼 보면 정답은 $\frac{5}{12}$가 되지요.

최소공배수인 12를 이용해서 아래와 같이 뺄셈하는 방법도 있어요.

$$\frac{3}{4} - \frac{1}{3} = \frac{3 \times 3}{4 \times 3} - \frac{1 \times 4}{3 \times 4} = \frac{9}{12} - \frac{4}{12} = \frac{5}{12}$$

통분을 해요.   분모가 같은 분수의
           뺄셈이 돼요.

- $\frac{1}{2} + \frac{1}{5}$의 값을 구해 보세요.

 분모가 서로 다른 분수를 더하고 뺄 때 필요한 건 바로 통분!

왜 분자에만 곱해 주나요?

 **개념 익히기**

분수의 곱셈은 어떻게 하나요?

3×7은 3을 일곱 번 더한 것($3+3+3+3+3+3+3$)과 같아요. $\dfrac{3}{4} \times 7$도 $\dfrac{3}{4}$을 일곱 번 더한다는 뜻과 같지요.

그림으로 나타낸 $\dfrac{3}{4} \times 7$

○ + ○ + ○ + ○ + ○ + ○ + ○

33

수직선에 나타낸 $\dfrac{3}{4} \times 7$

덧셈으로 나타낸 $\dfrac{3}{4} \times 7$

$$\dfrac{3}{4} \times 7 = \dfrac{3}{4} + \dfrac{3}{4} + \dfrac{3}{4} + \dfrac{3}{4} + \dfrac{3}{4} + \dfrac{3}{4} + \dfrac{3}{4}$$

$$= \dfrac{3+3+3+3+3+3+3}{4} \longleftarrow \text{분모가 같은 분수의 덧셈}$$

곱하기를 덧셈으로 나타내 보니 $\dfrac{3}{4} \times 7$에서 7은 분자에만 곱해 주면 된다는 걸 알 수 있어요.

$$\dfrac{3}{4} \times 7 = \dfrac{3 \times 7}{4} = \dfrac{21}{4} = 5\dfrac{1}{4}$$

크기가 같은 분수를 만들면 안 돼요

곱셈맨처럼 분모와 분자에 모두 7을 곱해 준다면 결국엔 $\dfrac{3}{4}$과 크기가 같은 분수가 되고 맙니다. $\dfrac{21}{28}$은 $\dfrac{3}{4}$과 같은 크기의 분수일 뿐이에요.

$$\dfrac{3}{4} = \dfrac{3 \times 7}{4 \times 7} = \dfrac{21}{28}$$

약분을 하면 계산이 쉬워져요

자연수를 분자에 곱하기 전에 약분되는 것이 있다면 먼저 약분하는 것이 계산을 간단하게 하는 방법이에요.

$$\frac{2}{9} \times 12 = \frac{2 \times \cancel{12}^{\,4}}{\cancel{9}_{\,3}} = \frac{2 \times 4}{3} = \frac{8}{3} = 2\frac{2}{3}$$

$$\frac{3}{14} \times 10 = \frac{3 \times \cancel{10}^{\,5}}{\cancel{14}^{\,7}} = \frac{3 \times 5}{7} = \frac{15}{7} = 2\frac{1}{7}$$

● 그림을 보고 □ 안에 알맞은 수를 써 넣으세요.

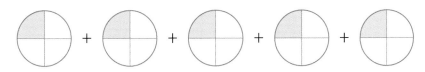

$$\frac{\square}{4} + \frac{\square}{4} + \frac{\square}{4} + \frac{\square}{4} + \frac{\square}{4} = \frac{\square}{4} \times \square = \frac{\square}{4} = \boxed{}$$

●● 운동장 한 바퀴는 $\frac{5}{6}$ km입니다. 하루에 두 바퀴씩 5일을 뛰어서, 이번 주에는 총 열 바퀴를 뛰었어요. 이번 주에 뛴 거리는 모두 몇 km일까요?

핵심 콕콕 분수와 자연수의 곱셈에서는 자연수를 분자에만 곱한다!

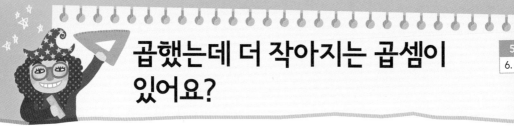

곱했는데 더 작아지는 곱셈이 있어요?

곱했는데 왜 작아질까요?

(자연수)×(분수)의 계산에는 '~의' 또는 '~ 중에서'라는 의미가 들어 있답니다.

따라서 $8 \times \frac{3}{4}$ 은 '8의 $\frac{3}{4}$', '8 중에서 $\frac{3}{4}$'을 나타내지요.

그래서 곱셈의 결괏값이 작아지는 것입니다.

분수의 곱셈

분모는 분모끼리 분자는 분자
끼리 곱해요. 그리고 분모와
분자를 약분해 준답니다.
자연수 아래에는 1이 있다고
생각하고 계산해요.

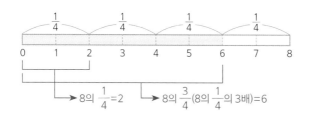

또한, $8 \times \dfrac{3}{4}$ 을 계산할 때는 자연수를 분자에만 곱해 주는 분수의 곱셈법을 사용해요.

$$8 \times \dfrac{3}{4} = \dfrac{{}^{2}8 \times 3}{\cancel{4}_{1}} = 2 \times 3 = 6$$

자연수끼리 곱할 때와 자연수와 분수를 곱할 때의 차이

8×4는 '8개짜리 4묶음'

★ ★ ★ ★ ★ ★ ★ ★
★ ★ ★ ★ ★ ★ ★ ★
★ ★ ★ ★ ★ ★ ★ ★
★ ★ ★ ★ ★ ★ ★ ★

$8 \times \dfrac{1}{4}$ 은 '8개짜리의 $\dfrac{1}{4}$ 묶음'

★ ★ ★ ★ ★ ★ ★ ★

개념 ➕ 플러스

분수끼리 곱해도 작아질까요?

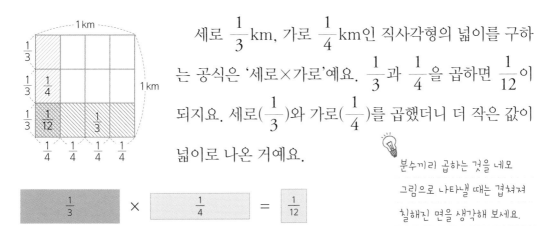

세로 $\dfrac{1}{3}$ km, 가로 $\dfrac{1}{4}$ km인 직사각형의 넓이를 구하는 공식은 '세로×가로'예요. $\dfrac{1}{3}$ 과 $\dfrac{1}{4}$ 을 곱하면 $\dfrac{1}{12}$ 이 되지요. 세로($\dfrac{1}{3}$)와 가로($\dfrac{1}{4}$)를 곱했더니 더 작은 값이 넓이로 나온 거예요.

분수끼리 곱하는 것을 네모 그림으로 나타낼 때는 겹쳐져 칠해진 면을 생각해 보세요.

$$\boxed{\dfrac{1}{3}} \times \boxed{\dfrac{1}{4}} = \boxed{\dfrac{1}{12}}$$

세로 길이 1km의 $\dfrac{1}{3}$ 과 가로 길이 1km의 $\dfrac{1}{4}$ 을 곱한 것이기 때문에 전체 면적 1km²의 $\dfrac{1}{12}$ 이 넓이가 되는 것이랍니다.

가로가 $\dfrac{3}{5}$, 세로가 $\dfrac{2}{3}$인 직사각형의 넓이를 구해 볼까요?

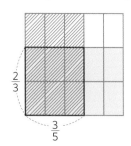

$\dfrac{3}{5} \times \dfrac{2}{3}$ 를 그림으로 나타내 보면 두 번 색칠된 부분의 크기가 $\dfrac{1}{15}$ 짜리 6개인 $\dfrac{6}{15}$ 이라는 것을 알 수 있어요. $\dfrac{6}{15}$ 은 약분할 수 있기 때문에 약분까지 하면 $\dfrac{2}{5}$ 가 답이에요.

$$\frac{3}{5} \times \frac{2}{3} = \frac{\cancel{6}^{2}}{\cancel{15}_{5}} = \frac{2}{5}$$

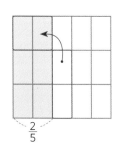

두 번 칠해진 부분의 오른쪽 두 칸을 위로 옮겨 보면 이 직사각형의 넓이가 전체의 $\dfrac{2}{5}$ 라는 것을 쉽게 알 수 있답니다.

개념 다지기

- 호그와트 학생의 $\dfrac{4}{5}$ 는 빗자루를 타고 날 수 있으며, 그중 $\dfrac{3}{8}$ 은 빗자루를 타고 하는 운동인 퀴디치 경기를 할 수 있습니다. 호그와트 학교 학생 중 퀴디치 경기를 할 수 있는 학생은 전체의 몇 분의 몇일까요?

핵심 콕콕 자연수에 진분수를 곱하면 값이 작아진다!

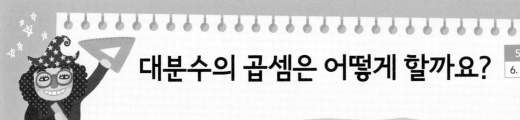

대분수의 곱셈은 어떻게 할까요?

자연수랑 분수를 곱해 보자.

저 알아요! 자연수는 분자에만 곱하면 돼요!

맞아, 그러면 대분수를 곱할 때는 어떻게 하면 좋을까?

$4 \times 3\frac{1}{2}$

이건 분수가 이상하게 생겨서 못하겠어요….

$4 \times 3\frac{1}{2}$

개념 익히기

대분수를 곱셈하는 방법

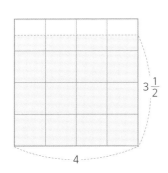

$3\frac{1}{2}$

4

그림으로 나타내면 $4 \times 3\frac{1}{2}$은 (4의 3배) + (4의 $\frac{1}{2}$배)라는 것을 알 수 있어요. 하지만 우리는 식을 세워 구하는 방법을 알아야 해요. 식으로 대분수를 곱셈하는 방법은 두 가지랍니다.

자연수끼리 곱한 값＋자연수와 진분수를 곱한 값

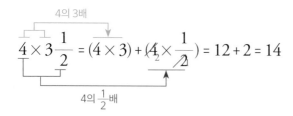

대분수를 가분수로 고쳐서 곱하기

$$4 \times 3\frac{1}{2} = \cancel{4}^2 \times \frac{7}{\cancel{2}_1} = 14$$

대분수 곱셈, 더 자세히 알아보아요

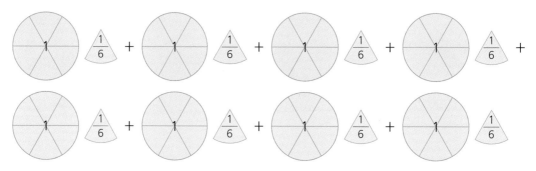

$1\frac{1}{6} \times 8$은 $1\frac{1}{6}$짜리를 8개 더하는 것과 같아요. 그림을 통해 알 수 있듯이, 자연수 1에 $\times 8$, 분수 $\frac{1}{6}$에 $\times 8$을 하면 답을 구할 수 있어요.

$$1\frac{1}{6} \times 8 = (1 \times 8) + (\frac{1}{6} \times 8) = 8 + \frac{\cancel{8}^4}{\cancel{6}_3} = 8 + \frac{4}{3} = 8 + 1\frac{1}{3} = 9\frac{1}{3}$$

만약, 아래와 같이 대분수를 가분수로 바꾸지 않은 상태에서 먼저 약분을 하면 틀린 답이 나오니 주의해야 해요.

$$1\frac{1}{\cancel{6}_3} \times \cancel{8}_4 = 1\frac{1}{3} \times 4 = \frac{4}{3} \times 4 = \frac{16}{3} = 5\frac{1}{3} \text{땡!}$$

대분수끼리의 곱셈도 구해 볼까요?

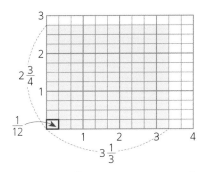

세로가 $2\dfrac{3}{4}$ 이고 가로가 $3\dfrac{1}{3}$ 인 직사각형의 넓이를 그림으로 표현해 보았어요.

그림으로 알 수 있는 것은 작은 모눈 하나의 크기가 $\dfrac{1}{12}$ 이고, $\dfrac{1}{12}$ 짜리 모눈이 110개

모인 것이 답이라는 거예요. 분수로 나타내면 $\dfrac{110}{12} = \dfrac{\overset{55}{\cancel{110}}}{\underset{6}{\cancel{12}}} = \dfrac{55}{6} = 9\dfrac{1}{6}$ 이 되지요. 이

것 말고도 대분수끼리 곱하는 여러 가지 방법이 있어요.

대분수를 가분수로 고쳐서 곱하기

$$2\dfrac{3}{4} \times 3\dfrac{1}{3} = \dfrac{11}{\underset{2}{\cancel{4}}} \times \dfrac{\cancel{10}}{3} = \dfrac{55}{6} = 9\dfrac{1}{6}$$

대분수를   약분한 후   가분수를
가분수로   분모는 분모끼리   대분수로
분자는 분자끼리 곱해요.

앞쪽 대분수를 뒤쪽 대분수의 자연수와 진분수에 각각 곱한 후 더해 주기

$$2\dfrac{3}{4} \times 3\dfrac{1}{3} = \left(2\dfrac{3}{4} \times 3\right) + \left(2\dfrac{3}{4} \times \dfrac{1}{3}\right) = \dfrac{11}{4} \times 3 + \dfrac{11}{4} \times \dfrac{1}{3}$$

대분수를 가분수로

$$= \dfrac{33}{4} + \dfrac{11}{12} = \dfrac{33 \times 3}{4 \times 3} + \dfrac{11}{12} = \dfrac{99}{12} + \dfrac{11}{12} = \dfrac{110}{12} = \dfrac{55}{6} = 9\dfrac{1}{6}$$

분모는 분모끼리   분모를   가분수를
분자는 분자끼리 곱해요.   통분   대분수로

두 번째 방법을 그림으로 표현하면 아래처럼 나타낼 수 있답니다.

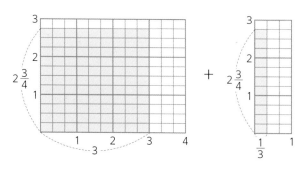

● 민수의 몸무게는 28kg입니다. 아버지 몸무게가 민수 몸무게의 $3\frac{1}{4}$배라면 아버지의 몸무게는 몇 kg일까요?

●● 우리 지역의 특산품인 쌀을 널리 알리기 위해 '김밥 길게 말기' 행사를 하였습니다. 작년에는 $5\frac{3}{7}$m인 김밥을 만들었는데 올해는 그보다 $4\frac{3}{8}$배 더 길게 만들었다고 합니다. 올해 만든 김밥은 길이가 얼마나 될까요?

 대분수는 가분수로 만들어서 곱셈한다!

세 분수의 곱셈은 어떻게 해야 할까요?

개념 익히기

내가 피자를 얼마큼 먹었는지 알 수 있는 방법

아빠와 언니가 먹고 남은 피자 $= \dfrac{1}{2}$

옆집 아이에게 $\dfrac{1}{4}$ 을 주고 남은 피자 $= \dfrac{3}{4}$

그중 $\dfrac{1}{5}$ 을 엄마가 드시고 남은 피자 $= \dfrac{4}{5}$

아빠와 언니, 옆집 아이, 또 엄마까지 드시고 남은 피자의 양이 바로 내가 먹은 양이랍니다. 내가 먹은 피자의 양은 전체 피자 중 얼마의 양을 차지할까요?

내가 먹은 피자의 양은 전체 피자를 10등분한 것 중의 3과 같은 $\frac{3}{10}$이에요. 내가 얼마나 먹었는지 그림을 그리지 않고 식을 세워서도 알 수 있어요.

아빠와 언니가 먹고 남은 양은 $\frac{1}{2}$이에요. 그중에 $\frac{1}{4}$을 옆집에 주었으니 남은 양은 $\frac{1}{2}$ 중의 $\frac{3}{4}$만큼이 되겠지요. $\frac{1}{2}$ 중의 $\frac{3}{4}$을 식으로 나타내면 $\frac{1}{2} \times \frac{3}{4}$이에요. 남은 양 중에서 $\frac{1}{5}$을 엄마가 드시고 $\frac{4}{5}$가 남았으니 그것을 수식으로 나타내면 $\frac{1}{2} \times \frac{3}{4} \times \frac{4}{5}$(아빠, 언니, 옆집 아이가 먹고 남은 양 중의 $\frac{4}{5}$)예요. 아하! 내가 얼마나 먹었는지 알 수 있는 수식을 찾았어요.

$$\frac{1}{2} \times \frac{3}{4} \times \frac{4}{5} = \frac{3}{10}$$

세 분수를 곱셈하는 방법

앞에서부터 차례로 두 분수씩 계산

$$\frac{1}{2} \times \frac{3}{4} = \frac{3}{8} \implies \frac{3}{8} \times \frac{4}{5} = \frac{3}{\overset{}{8}_2} \times \frac{\overset{1}{\cancel{4}}}{5} = \frac{3}{10}$$

세 분수를 한꺼번에 분모는 분모끼리, 분자는 분자끼리 곱하는 과정에서 약분하여 계산

$$\frac{1}{2} \times \frac{3}{4} \times \frac{4}{5} = \frac{1 \times 3 \times \cancel{4}}{2 \times \cancel{4} \times 5} = \frac{3}{10}$$

주어진 곱셈에서 바로 약분하여 계산

$$\frac{1}{2} \times \frac{3}{\underset{1}{\cancel{4}}} \times \frac{\overset{1}{\cancel{4}}}{5} = \frac{3}{10}$$

44

약분은 바로 옆 분수가 아니어도 가능해요

　여러 개의 분수를 곱할 때 바로 옆에 있는 분수만 약분할 수 있다고 생각하는 친구들이 있어요. 예를 들면 $\dfrac{7}{10} \times \dfrac{5}{8} \times \dfrac{3}{14}$ 같은 곱셈 문제에서 $\dfrac{7}{10}$과 바로 옆에 있는 $\dfrac{5}{8}$만 약분할 수 있다고 생각하는 것이지요. 하지만 $\dfrac{7}{10}$은 바로 옆에 있지 않은 $\dfrac{3}{14}$과도 약분이 가능하답니다.

$$\dfrac{\cancel{7}^{\,1}}{\cancel{10}_{\,2}} \times \dfrac{\cancel{5}^{\,1}}{8} \times \dfrac{3}{\cancel{14}_{\,2}} = \dfrac{3}{32}$$

- 떨어진 높이의 $\dfrac{1}{3}$ 만큼 다시 튀어 오르는 공이 있어요. 맨 처음 $3\dfrac{3}{8}$ m에서 떨어뜨렸다면, 두 번째 튀어 올랐을 때의 높이는 몇 m가 될지 구해 보세요.

 세 분수의 곱셈을 하기 전에 약분을 먼저 하면 계산이 간단해진다!

나누어떨어지지 않는 몫은 분수로 어떻게 나타내요?

나누어떨어지지 않을 때는 어떻게 해야 할까요?

빵 5개를 3명이 똑같이 나눠 먹으려고 해요. 나눗셈을 하면 1명이 얼마큼 먹을 수 있는지 알 수 있지요. 그런데 $5 \div 3$을 계산하면 나누어떨어지지 않고 2가 남아요. 어떻게 똑같이 나눠야 할지 알기 어려운 것이지요.

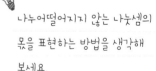

나누어떨어지지 않는 나눗셈의 몫을 표현하는 방법을 생각해 보세요.

이럴 때 분수로 생각해 보면 쉬워요. 빵 1개를 3명이 나누어 먹는다고 하면, 한 사람에게 돌아가는 양은 $\frac{1}{3}$이에요. 여기서는 빵이 5개니까 1명당 $\frac{1}{3}$만큼의 빵

5개를 먹으면 똑같은 양을 먹는 것이지요. 1명이 먹는 양은 $\frac{5}{3}$로 나타낼 수 있고, 이것을 대분수로 바꾸면 $1\frac{2}{3}$라고 나타낼 수 있어요. 1명당 빵 1개 하고도 $\frac{2}{3}$개씩 먹으면 되는 것이지요.

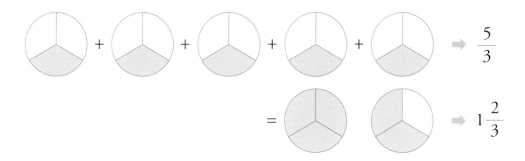

$$5 \div 3 = 5 \times \frac{1}{3} = \frac{5}{3} = 1\frac{2}{3}$$

개념 플러스 ✚✚✚✚✚✚✚✚✚✚✚✚✚✚✚✚✚✚✚✚✚✚✚✚✚✚✚✚✚✚✚✚✚✚✚

$\frac{4}{3} \div 4$를 그림으로 알아볼까요?

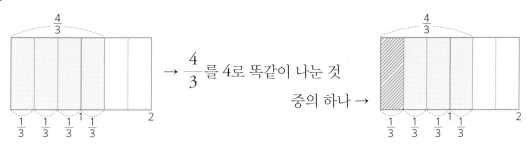

$\frac{4}{3} \div 4$는 $\frac{4}{3}$를 4로 똑같이 나눈 것 중 하나를 뜻해요. $\frac{4}{3}$를 4로 똑같이 나누어 보니 값은 $\frac{1}{3}$이 되네요.

$$\frac{4}{3} \div 4 = \frac{1}{3}$$

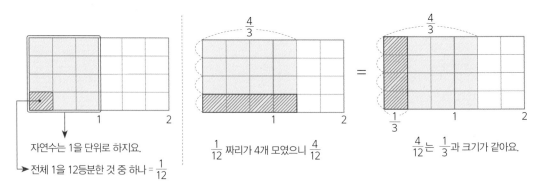

자연수는 1을 단위로 하지요.

전체 1을 12등분한 것 중 하나 = $\frac{1}{12}$

$\frac{1}{12}$ 짜리가 4개 모였으니 $\frac{4}{12}$

$\frac{4}{12}$ 는 $\frac{1}{3}$ 과 크기가 같아요.

그런데 이렇게도 생각해 볼 수 있어요. $\frac{4}{3}$ 의 그림을 가로로 4등분해 볼까요? $\frac{4}{3}$ 를 4로 똑같이 나누어 보니 그 값은 작은 네모 칸 4개 크기예요. 작은 네모 한 칸의 크기는 1을 12등분한 것 중의 하나, 즉 $\frac{1}{12}$ 이에요. $\frac{4}{3} \div 4$ 의 값을 $\frac{4}{12}$ 라고 표현할 수도 있는 것이죠. 그림으로 나타내니 $\frac{4}{12}$ 는 $\frac{1}{3}$ 과 같은 크기의 분수라는 것을 알 수 있었어요. $\frac{4}{12}$ 를 약분하면 $\frac{1}{3}$ 이 되니까요.

개념 다지기

● 우유 5L를 8명이 나눠 마신다면 한 사람이 먹을 수 있는 양은 얼마나 될까요?

핵심 콕콕

나누어떨어지지 않는 나눗셈의 몫은 분수로 나타낼 수 있다!

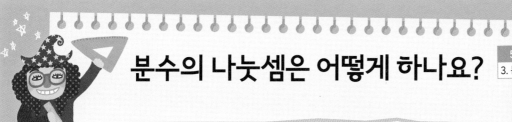

분수의 나눗셈은 어떻게 하나요?

오늘도 분수를 나눠 보자꾸나.

오늘도요? 분수를 나누는 건 너무 복잡해요!

계속 나누다 보면 쉬운 방법이 보일 것이니라.

벌써 100일째인데 아무것도 모르겠어요. 그냥 알려 주시면 안 돼요?

개념 익히기

나눌 때는 단위를 같게 만들어야 쉬워요

$4 \div \dfrac{1}{2}$ 은 단위가 1인 수 4를, 단위가 $\dfrac{1}{2}$ 인 수 $\dfrac{1}{2}$ 로 나누는 거예요.

| 1 | 1 | 1 | 1 | $\div$ | $\dfrac{1}{2}$ |

서로 단위가 다른 수는 단위를 같게 만들어 주면 계산하기 쉬워져요.

| $\dfrac{1}{2}$ | $\dfrac{1}{2}$ | $\dfrac{1}{2}$ | $\dfrac{1}{2}$ | $\dfrac{1}{2}$ | $\dfrac{1}{2}$ | $\dfrac{1}{2}$ | $\dfrac{1}{2}$ | $\div$ | $\dfrac{1}{2}$ |

$\dfrac{1}{1}$ 이 4개인 수 4는 분수로 $\dfrac{4}{1}$ 라고 나타낼 수 있어요. 이것을 $\dfrac{1}{2}$ 과 같은 단위로 만들어 주려면 분모와 분자에 2씩 곱해야 해요. 그 후에 분수의 나눗셈을 해 보면 다음과 같은 계산 과정이 나온다는 것을 알 수 있어요.

$$\frac{4}{1} \div \frac{1}{2} = \frac{4 \times 2}{1 \times 2} \div \frac{1}{2} = \frac{8}{2} \div \frac{1}{2} = 8 \div 1 = \frac{8}{1}$$

또한, $\dfrac{8}{2} \div \dfrac{1}{2}$ 은 $\dfrac{1}{2}$ 짜리 8개를 $\dfrac{1}{2}$ 짜리 1개로 나눈다는 뜻이니까 $8 \div 1$ 로 생각할 수 있어요.

또 다른 나눗셈 계산

$$6 \div \frac{2}{3} = \frac{6}{1} \div \frac{2}{3} = \frac{6 \times 3}{1 \times 3} \div \frac{2}{3} = \frac{18}{3} \div \frac{2}{3} = 18 \div 2 = \frac{18}{2}$$

$$\frac{2}{3} \div \frac{5}{7} = \frac{2 \times 7}{3 \times 7} \div \frac{5 \times 3}{7 \times 3} = \frac{14}{21} \div \frac{15}{21} = 14 \div 15 = \frac{14}{15}$$

분수의 나눗셈을 살펴보니 규칙이 보여요!

이렇게 분모와 분자를 서로 바꾼 분수를 역수라고 해요. 분수의 나눗셈에서는 나누는 수를 역수로 만들어 곱해 준답니다.

대분수를 나눌 때는 이렇게!

대분수가 있는 분수의 나눗셈을 할 때는 대분수를 먼저 가분수로 바꿔 주어야 해요.

$$4\frac{2}{3} \div 3\frac{3}{5} = \frac{14}{3} \div \frac{18}{5} = \frac{14}{3} \times \frac{5}{18} = \frac{35}{27} = 1\frac{8}{27}$$

대분수를   나눗셈을   가분수를
가분수로   곱셈으로   대분수로

● 리본 끈이 $6\frac{1}{4}$ m 있습니다. 선물을 하나 포장하는 데 $\frac{5}{8}$ m의 리본 끈이 필요하다면 모두 몇 개의 선물을 포장할 수 있을까요?

 분수의 나눗셈을 계산할 때는 나누는 수를 역수로 만들어 곱한다!

2
소수

자연수의 나눗셈과 같아요

소수의 나눗셈

소수의 곱셈

소수점 이동에 신경 쓰기

소수 ÷ 자연수
- 분수로 고쳐 계산
- 자연수의 나눗셈 이용
- 세로셈

소수 ÷ 소수
- 덜어 내기
- 분수의 나눗셈으로 바꾸어 계산하기
- 소수점을 옮겨 세로로 계산하기

- 분수는 소수로, 소수는 분수로
- 소수 × 10
- 자연수 × 0.1
- 소수 × 소수

분수는 소수로, 소수는 분수로 왜 바꿔요?

크기를 비교하거나 덧셈, 뺄셈을 할 때는 소수로!

    분모가 다른 분수가 여러 개 있으면 한눈에 크기를 비교하기 어려워요. 분수는 통분(분모를 통일)을 해야 크기를 비교하기 쉽고 계산도 쉬워지는데, 이러면 한 단계를 더 거쳐서 계산하는 셈이에요. 하지만 소수는 여러 개가 함께 있어도 크기 비교나 더하기, 빼기가 쉽답니다.

• 분수의 더하기

$$\frac{3}{4} + \frac{4}{5} = \frac{3 \times 5}{4 \times 5} + \frac{4 \times 4}{5 \times 4}$$
$$= \frac{15}{20} + \frac{16}{20}$$
$$= \frac{31}{20} = 1\frac{11}{20}$$

• 소수의 더하기

$$0.75 + 0.8 = 1.55$$

분수를 소수로 바꾸기

분모를 10, 100…인 분수로 고친 다음 소수로 나타내요. 분모가 10인 분수는 소수 한 자릿수로 나타낼 수 있고, 분모가 100인 분수는 소수 두 자릿수로 나타낼 수 있어요. $\dfrac{3}{4}$ 과 $\dfrac{4}{5}$ 를 비교하면 어느 것이 큰지 바로 알기 어렵지만, 0.75와 0.8처럼 소수로 바꾸면 0.8이 더 크다는 것을 알 수 있어요.

$$\frac{3}{4} = \frac{3 \times 25}{4 \times 25} = \frac{75}{100} = 0.75 \qquad\qquad \frac{4}{5} = \frac{4 \times 2}{5 \times 2} = \frac{8}{10} = 0.8$$

곱셈이나 나눗셈을 할 때는 분수로!

분수와 소수를 서로 바꾸는 것은 계산을 편리하게 하기 위해서예요. 곱셈이나 나눗셈을 할 때는 어떨까요? 소수를 곱하거나 나누고 싶을 때는 분수로 바꾸어서 계산하는 것이 좋아요. 분수로 바꾸었을 때 약분이 쉽게 되기 때문이랍니다.

분자와 분모의 최대공약수로 약분을 해 약분이 더 이상 되지 않는 분수를 '기약분수'라고 불러요.

소수를 분수로 바꾸기

소수 한 자릿수는 분모가 10인 분수로, 소수 두 자릿수는 분모가 100인 분수로, 소수 세 자릿수는 분모가 1000인 분수로 나타내요.

$$0.95 = \frac{95}{100} = \frac{95 \div 5}{100 \div 5} = \frac{19}{20}$$

1보다 큰 소수를 분수로 나타낼 때는 자연수 부분은 그대로 두고, 1보다 작은 소수 부분만 분수로 나타내요.

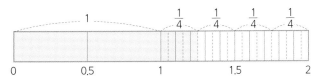

$$1.25 = 1 + \frac{25}{100} = 1 + \frac{25 \div 25}{100 \div 25} = 1\frac{1}{4}$$

상황에 따라 적용해 보아요

길이 비교는 분수를 소수로 바꿔서 계산

가로가 $1\frac{1}{8}$ m, 세로가 1.2m인 직사각형의 가로와 세로 길이를 비교하려고 합니다. $1\frac{1}{8}$ m와 1.2m를 비교하므로 $1\frac{1}{8}$ m를 소수로 바꾸어 비교하는 것이 쉽습니다.

$$1\frac{1}{8} = 1 + \frac{1}{8} = 1 + \frac{1 \times 125}{8 \times 125} = 1 + \frac{125}{1000} = 1 + 0.125 = 1.125 \quad \text{vs} \quad 1.2$$

가로 길이 ↓   세로 길이 ↓

직사각형의 넓이는 소수를 분수로 바꿔서 계산

직사각형의 넓이는 가로×세로이므로, $1\frac{1}{8} \times 1.2$에서는 1.2를 분수로 바꾸어 계산하면 쉬워요.

$$1\frac{1}{8} \times 1.2 = 1\frac{1}{8} \times \frac{12}{10} = \frac{9}{8} \times \frac{12}{10} = \frac{9 \times 12}{8 \times 10} = \frac{27}{20} = 1\frac{7}{20}$$

- 분수는 소수로, 소수는 기약분수로 나타내 보세요.

(1) $\frac{5}{2}$ ⇒ [　　]   (2) 1.05 ⇒ [　　]

곱셈과 나눗셈은 분수로, 크기 비교나 덧셈, 뺄셈은 소수로 계산하자!

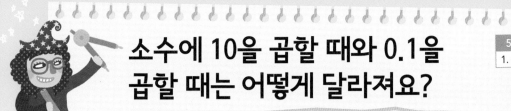

소수에 10을 곱할 때와 0.1을 곱할 때는 어떻게 달라져요?

필리핀 여행이라니!
너무 떨려!

우리 환전은 했나?
얼마큼 하면 될까?

필리핀 돈으로 3500페소
정도 하면 되지 않을까?

3500페소가 얼마인 줄
알고 말하는 거야?

개념 익히기

1페소가 24.72원일 때 우리나라 돈으로 3500페소는 얼마일까요?

얼마큼 환전해야 할지 알기 위해 페소를 원으로 바꾸는 계산을 해 보았어요.

1페소 = 24.72원

$10페소 = 24.72 \times 10 = \dfrac{2472}{100} \times 10 = \dfrac{2472}{10} = 247.2원$

$100페소 = 24.72 \times 100 = \dfrac{2472}{100} \times 100 = 2472원$

$1000페소 = 24.72 \times 1000 = \dfrac{2472}{100} \times 1000 = 24720원$

57

필리핀의 화폐 단위인 1페소는 우리나라 돈으로 24.72원이에요. 24.72에 10, 100, 1000을 곱하니 소수점이 오른쪽으로 하나씩 이동하는 것을 볼 수 있어요.

$$24.72 \times 10 = 247.2 \rightarrow \text{한 칸 이동}$$
$$24.72 \times 100 = 2472 \rightarrow \text{두 칸 이동}$$
$$24.72 \times 1000 = 24720 \rightarrow \text{세 칸 이동}$$

소수에 10을 곱할 때는 0이 1개 있으므로 한 칸 오른쪽으로 이동하고, 소수에 100을 곱할 때는 0이 2개 있으므로 두 칸 오른쪽으로 이동했어요. 소수에 1000을 곱할 때는 0이 3개 있으므로 세 칸 오른쪽으로 이동했답니다. 이것을 기억해서 문제를 풀면 조금 더 쉽게 답을 예상할 수 있어요.

$$3500\text{페소} = 24.72 \times 3500 = \frac{2472}{100} \times 3500 = 2472 \times 35 = 86520\text{원}$$

소수 24.72에 3500을 곱하면, 3500에 0이 2개 있으므로 소수 24.72의 소수점이 오른쪽으로 두 칸 이동하게 됩니다. 그래서 2472 × 35가 되는 것이죠. 따라서 필리핀 돈 3500페소는 우리나라 돈으로 86520원이에요. 좀 더 환전해야겠죠?

10은 오른쪽으로 한 칸! 100은 두 칸!

소수에 10, 100, 1000을 곱할 때 소수점은 오른쪽으로 하나씩 이동해요. 먼저 분수의 곱셈으로 고쳐서 계산해 보면 조금 더 쉽게 이해할 수 있어요.

$$3.146 \times 10 = \frac{3146}{1000} \times 10 = \frac{3146}{100} = 31.46 \qquad 3.146 \times 10 = 31.46$$

$$3.146 \times 100 = \frac{3146}{1000} \times 100 = \frac{3146}{10} = 314.6 \implies 3.146 \times 100 = 314.6$$

$$3.146 \times 1000 = \frac{3146}{1000} \times 1000 = 3146 \qquad 3.146 \times 1000 = 3146$$

0.1은 왼쪽으로 한 칸! 0.01은 두 칸!

자연수에 0.1, 0.01, 0.001을 곱할 때 소수점은 왼쪽으로 하나씩 이동해요. 마찬 가지로 분수의 곱셈으로 고쳐서 계산해 보아요.

$$365 \times 0.1 = 365 \times \frac{1}{10} = \frac{365}{10} = 36.5$$

$$365 \times 0.1 = 36.5$$

$$365 \times 0.01 = 365 \times \frac{1}{100} = \frac{365}{100} = 3.65 \quad \Rightarrow \quad 365 \times 0.01 = 3.65$$

$$365 \times 0.001 = 365 \times \frac{1}{1000} = \frac{365}{1000} = 0.365$$

$$365 \times 0.001 = 0.365$$

- 다양한 소수의 곱셈을 계산해 보세요.

5.27 × 10 = ☐	42 × 0.1 = ☐
5.27 × 100 = ☐	42 × 0.01 = ☐
5.27 × 1000 = ☐	42 × 0.001 = ☐
5.27 × 10000 = ☐	42 × 0.0001 = ☐
5.27 × 100000 = ☐	42 × 0.00001 = ☐
5.27 × 1000000 = ☐	42 × 0.000001 = ☐

핵심 콕콕

곱하는 수가 10배가 되면 곱의 결과도 10배!
곱하는 수가 $\frac{1}{10}$ 배가 되면 곱의 결과도 $\frac{1}{10}$ 배!

2×0.6과 0.6×2는 다른가요?

개념 익히기

2 × 0.6은 수 막대에 어떻게 나타내나요?

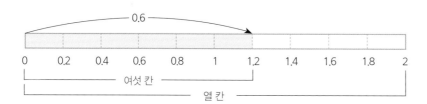

2를 전체로 보고, 그것을 모두 열 칸으로 나누었어요. 2 × 0.6은 2의 0.6배($\frac{6}{10}$배)

이므로 전체의 0.6($\frac{6}{10}$)을 색칠하면 돼요. 0.6($\frac{6}{10}$)은 전체 열 칸 중에서 여섯 칸을

의미하지요. 1이 다섯 칸으로 나눠져 있어 한 칸의 크기가 0.2가 되므로, 색칠한 부

분은 1.2가 된답니다. 만화 속 아이도 여섯 칸을 칠하긴 했지만 화살표를 제대로 나타내지 않아서 틀렸어요. 전체 2 중에서 0.6배만큼만 갔다는 것을 표현해야 하기 때문이죠. 2×0.6을 분수식으로 계산해 보면 다음과 같아요.

$$2 \times 0.6 = 2 \times \frac{6}{10} = \frac{2 \times 6}{10} = \frac{12}{10} = 1.2$$

0.6 × 2는 수 막대에 어떻게 나타내나요?

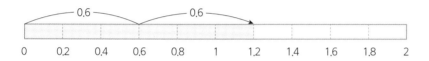

0.6×2는 0.6의 두 배이므로 0.6씩 두 번 커지는 것과 같아요. $0.6 + 0.6$으로 표현할 수도 있지요. 그러므로 색칠한 부분은 1.2가 됩니다. 분수식으로 계산해 보면 다음과 같아요.

$$0.6 \times 2 = \frac{6}{10} \times 2 = \frac{6 \times 2}{10} = \frac{12}{10} = 1.2$$

그렇다면 2 × 0.6과 0.6 × 2는 같을까요? 다를까요?

$$2 \times 0.6 = 2 \times \frac{6}{10} = \frac{2 \times 6}{10} = \frac{12}{10} = 1.2$$

$$0.6 \times 2 = \frac{6}{10} \times 2 = \frac{6 \times 2}{10} = \frac{12}{10} = 1.2$$

곱해지는 수와 곱하는 수의 순서가 바뀌어도 곱의 결과는 같아요. 하지만 수 막대에서 표현된 의미는 다르답니다. 2×0.6은 2의 0.6배라는 뜻이고, 0.6×2는 0.6을 두 번 더한다는 뜻이기 때문이죠. 하지만 계산 결과는 같기 때문에 가끔 친구들이 2×0.6을 0.6×2로 바꿔 그림으로 나타내기도 해요.

개념 ✛ 플러스

2 × 6과 2 × 0.6을 비교해 보아요

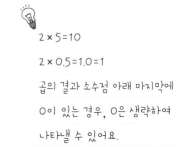

$$2 \times 6 = 12 \Rightarrow 2 \times 0.6 = 1.2$$

$\times \frac{1}{10}$

2 × 5 = 10

2 × 0.5 = 1.0 = 1

곱의 결과 소수점 아래 마지막에 0이 있는 경우, 0은 생략하여 나타낼 수 있어요.

2 × 6은 12예요. 처음보다 큰 값이 나온 것이죠. 하지만 2 × 0.6은 1.2예요. 2보다 작은 값이 답이 된 것이죠. 2에 곱한 0.6은 6의 $\frac{1}{10}$배이고, 답으로 나온 1.2는 12의 $\frac{1}{10}$배예요. 곱하는 수가 $\frac{1}{10}$배가 되어 곱의 결과도 $\frac{1}{10}$배가 된 것이에요. 즉, 1보다 작은 소수나 분수를 곱하면 처음 수보다 더 작아져요.

개념 다지기

● 3 × 0.7을 그림으로 표현해 보세요.

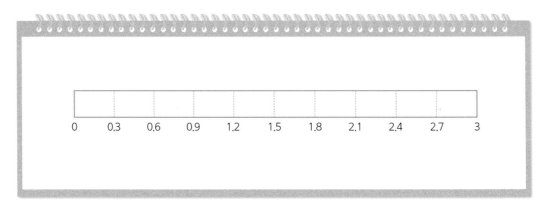

 핵심 콕콕 곱해지는 수와 곱하는 수의 순서가 바뀌어도 곱의 결과는 같지만, 수 막대가 나타내는 의미는 다르다!

소수 한 자릿수끼리 곱하면
소수 한 자릿수예요?

소수 한 자릿수의 곱셈

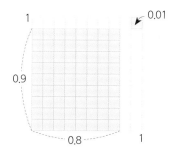

모눈종이 전체 크기를 1이라고 할 때, 가로 열 칸, 세로 열 칸으로 나누어진 한 칸의 가로, 세로 길이는 0.1이고, 한 칸의 넓이는 0.01이에요. 전체 100개 중에서 1개

의 넓이이므로 $\frac{1}{100}$ 또는 0.01이지요. 0.8×0.9는 0.01이 72칸 있는 것이므로 사각형의 넓이는 0.72가 돼요. 이것을 분수로 바꾸어 나타내 보면 다음과 같아요.

$$0.8 \times 0.9 = \frac{8}{10} \times \frac{9}{10} = \frac{8 \times 9}{10 \times 10} = \frac{72}{100} = 0.72$$

소수 한 자릿수 ————————— 소수 두 자릿수

이처럼 소수 한 자릿수 × 소수 한 자릿수는 소수 두 자릿수가 된다는 것을 알 수 있어요.

개념 플러스 ++

0.8 × 0.09를 모눈종이에 나타내 볼까요?

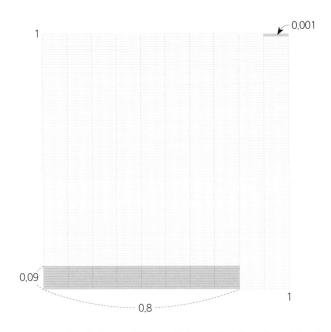

모눈종이 전체 크기를 1이라고 할 때, 가로 열 칸, 세로 백 칸으로 나누어진 한 칸의 길이는 가로 0.1, 세로 0.01이에요. 그리고 한 칸의 넓이는 전체 1000개 중에서 1개의 넓이이므로 $\frac{1}{1000}$ 또는 0.001이지요. 0.8×0.09는 0.001이 72칸 있는 것이므로 사각형의 넓이는 0.072가 되는 것을 알 수 있어요. 이것을 분수로 바꾸어 나타

64

내 보면 다음과 같아요.

$$0.8 \times 0.09 = \frac{8}{10} \times \frac{9}{100} = \frac{8 \times 9}{10 \times 100} = \frac{72}{1000} = 0.072$$

소수 한 자릿수 ⟶ 소수 두 자릿수   소수 세 자릿수

그러므로 소수 한 자릿수 × 소수 두 자릿수의 소수점을 찍을 때는 소수 세 번째 자리에 찍어야 해요.

- 0.35 × 0.7을 계산해 보세요.

•• 0.06 × 0.05를 계산해 보세요.

소수 한 자릿수끼리 곱하면 소수 두 자릿수!

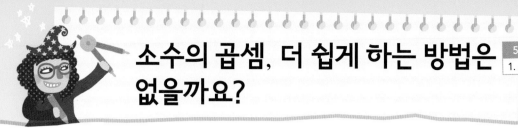

소수의 곱셈, 더 쉽게 하는 방법은 없을까요?

5학년 2학기
1. 소수의 곱셈

여러 가지 방식으로 소수의 곱셈을 풀어 보아요

소수를 분수로 고쳐서 곱셈하기

$$0.34 \times 28 = \frac{34}{100} \times 28 = \frac{34 \times 28}{100} = \frac{952}{100} = 9.52$$

$$3.4 \times 2.8 = \frac{34}{10} \times \frac{28}{10} = \frac{34 \times 28}{100} = \frac{952}{100} = 9.52$$

소수를 분수의 곱셈으로 바꿔서 계산해 보니 0.34×28과 3.4×2.8의 값이 둘 다 9.52라는 것을 확인할 수 있었어요. 그런데 계산 과정이 좀 복잡하네요.

자연수처럼 세로셈으로 곱하고 나중에 소수점 찍어 주기

$$
\begin{array}{r}
34 \\
\times\ 28 \\
\hline
952
\end{array}
$$

이번에는 소수점을 없애고 계산할 거예요. 0.34×28과 3.4×2.8은 소수점을 없애면 둘 다 952라는 같은 값을 가져요. 자연수의 곱셈값을 통해서 쉽게 소수의 곱셈을 할 수 있는 것이죠.

$$
\begin{array}{r}
0.34 \\
\times\ 28 \\
\hline
9.52
\end{array}
$$
소수
두 자릿수

0.34는 34의 0.01배이므로 0.34×28은 34×28의 0.01배예요. 소수 두 자릿수를 곱했으니 952 왼쪽으로 두 칸 가서 소수점을 찍어 주면 돼요.

$$
\begin{array}{r}
3.4 \\
\times\ 2.8 \\
\hline
9.52
\end{array}
$$
소수
한 자릿수가
2개

3.4는 34의 0.1배이고, 2.8은 28의 0.1배이므로 3.4×2.8은 34×28의 0.01배예요. 여기도 마찬가지로 왼쪽으로 두 칸 가서 소수점을 찍어 줘요.

소수를 분수로 고쳐서 계산해도, 세로셈으로 계산해도 두 식의 계산값이 같다는 것을 확인할 수 있어요. 하지만 자연수끼리 곱한 후 나중에 소수점을 찍어 주는 것이 훨씬 쉬워요.

개념＋플러스

소수점을 찍는 방법

소수를 세로셈으로 곱셈할 때는, 오른쪽 끝자리 수를 맞추어 써 준 뒤에 자연수의 곱셈과 똑같은 방법으로 계산을 합니다. 그리고 계산이 끝나면 제일 중요한 소수점을 찍어야 해요. 어디에 찍을까 고민하다가 곱셈이니까 소수점의 수도 곱해서 찍어야 된다고 생각하기 쉽지만 그것은 잘못된 생각이에요.

3.4 × 0.28은 이렇게 소수점을 찍어요

$$3.4 \times 0.28 = 0.952$$

소수 한 자릿수 × 소수 두 자릿수

1+2=3 ➡ 답은 소수 세 자릿수

34 × 28 = 952에서 소수 세 자릿수에 해당하는 곳에 소수점을 찍으면, 답은 0.952예요.

0.34 × 0.028은 이렇게 소수점을 찍어요

$$0.34 \times 0.028 = 0.00952$$

소수 두 자릿수 × 소수 세 자릿수

2+3=5 ➡ 답은 소수 다섯 자릿수

34 × 28 = 952에서 소수 다섯 자릿수에 해당하는 곳에 소수점을 찍으면, 답은 0.00952예요.

개념 다지기

● 자연수의 곱셈을 이용하여 다음을 계산해 보세요.

(1) $5 \times 39 = 195$ ➡ $5 \times 3.9 = \boxed{}$

(2) $9 \times 142 = 1278$ ➡ $9 \times 1.42 = \boxed{}$

(3) $632 \times 19 = 12008$ ➡ $6.32 \times 1.9 = \boxed{}$

 소수의 곱셈은 자연수처럼 계산한 후 소수점을 찍는 것이 편해요.
단, 소수점은 곱하는 두 수의 소수점 아래 자릿수를 더해서 찍기!

소수에서 자연수를 나눌 때는 소수점을 어디에 찍나요?

와! 고구마다!

우리가 캔 고구마가 16.8kg이나 돼!

그렇다면, 우리 가족 4명은 1명당 고구마를 얼마큼 먹을 수 있을까?

16은 4로 나누면 4고, 0.8을 4로 나누면…? 이럴 땐 소수점을 어디에 찍어야 해요?

개념 익히기

16.8 ÷ 4를 계산할 때 소수점은 어디에 찍을까요?

먼저 16.8kg의 고구마를 4명에게 똑같이 나누어 주려고 할 때의 값을 어림하여 예상해 봅시다. 16.8 ÷ 4라는 식을 세우고 어림해 보면, 4명이 4kg씩 가져간 후에 0.8kg이 남을 거라는 예상을 할 수 있어요. 그러므로 1명당 가져갈 고구마의 양은 4kg보다는 크고, 나눌 것이 조금 더 남아 있으므로 4.5kg보다는 작을 것이라고 어림할 수 있습니다.

분수로 고쳐서 계산하기

$$16.8 \div 4 = \frac{168}{10} \div 4 = \frac{168}{10} \div \frac{4}{1} = \frac{\overset{42}{\cancel{168}}}{10} \times \frac{1}{\cancel{4}} = \frac{42}{10} = 4.2$$

자연수의 나눗셈을 이용하여 계산하기

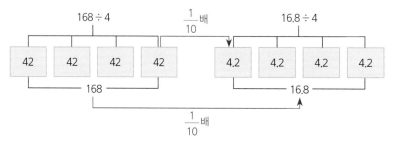

168의 $\dfrac{1}{10}$이 16.8이므로 $16.8 \div 4$의 몫은 42의 $\dfrac{1}{10}$인 4.2예요.

소수의 곱셈과 마찬가지로 소수의 나눗셈도 자연수의 나눗셈과 같은 방법으로 계산하면 돼요. 나중에 잘 살펴보고 소수점만 자리에 맞추어 찍어 주면 된답니다.

세로셈으로 바꾸어 계산해 보아요

16.8÷12의 세로셈 계산

$$
12\,\overline{)16.8} \quad \Rightarrow \quad
\begin{array}{r} 1. \\ 12\,\overline{)16.8} \\ 12 \\ \hline 48 \end{array}
\quad \Rightarrow \quad
\begin{array}{r} 1.4 \\ 12\,\overline{)16.8} \\ 12 \\ \hline 48 \\ 48 \\ \hline 0 \end{array}
$$

자연수의 나눗셈처럼 계산하고, 몫의 소수점은 16.8(나눠지는 수)의 소수점 자리에 맞추어서 찍어요.

8.2÷4의 세로셈 계산

4가 2를 나눌 수 없기
때문에 0을 쓴다.

4로 나눌 수 있는 수가
되도록 0을 붙인다.

자연수의 나눗셈처럼 계산하고, 몫의 소수점은 8.2(나눠지는 수)의 소수점 자리에 맞추어서 찍어요. 단, 나누어떨어질 때까지 나눠지는 수의 끝에 0을 계속 붙여가며 계산해야 해요. 소수 첫째 자리 수를 나눌 수 없을 때는 몫의 소수 첫째 자리에 0을 쓰고, 그 다음 자리의 수를 내려서 계산해요.

개념 다지기

- 연우네 반 학생 12명이 캔 고구마는 모두 51.6kg입니다. 연우는 고구마를 12명이 똑같이 나누는 방법을 알아보려고 해요. 연우가 고민하는 문제를 다양한 방법으로 함께 해결해 봐요.

(1) 분수로 고쳐서 계산하기
(2) 자연수의 나눗셈을 이용하여 계산하기
(3) 세로셈으로 계산하기

핵심
콕콕
자연수의 나눗셈처럼 계산하고,
몫의 소수점은 나눠지는 수의 소수점 자리에 맞춘다!

소수끼리 나눌 때 소수점은 어떻게 이동할까요?

소수와 소수의 나눗셈

피노키오가 몇 번 거짓말을 했는지 알려면 소수와 소수를 나누어야 해요. 세 가지 방법으로 소수와 소수의 나눗셈 방법을 알아보아요.

덜어 내기

$$3.68 - 0.46 - 0.46 - 0.46 - 0.46 - 0.46 - 0.46 - 0.46 - 0.46 = 0$$

한 번	두 번	세 번	네 번	다섯 번	여섯 번	일곱 번	여덟 번
3.22	2.76	2.3	1.84	1.38	0.92	0.46	

분수의 나눗셈으로 바꾸어 계산하기

$$3.68 \div 0.46 = \frac{368}{100} \div \frac{46}{100} = 368 \div 46 = 8$$

소수점을 옮겨 세로셈으로 계산하기

$0.46\overline{)3.68}$ ➡ $0.46\overline{)3.68}$ ➡ $46\overline{)368}$

$$46\overline{)\begin{array}{r}8 \\ 368 \\ \underline{368} \\ 0\end{array}}$$

3.68에서 0.46을 나누면 공통적으로 '8'이라는 값이 나오는 것을 알 수 있어요. 피노키오는 여덟 번 거짓말을 한 것이지요.

개념 플러스 ++++++++++++++++++++++++++++++++++

소수끼리 나누는 세로셈을 할 때 소수점의 이동

세로셈으로 계산할 때는 나누는 수가 자연수가 되도록 소수점을 오른쪽으로 옮겨서 계산해요. 나누는 수가 소수 한 자릿수라면 오른쪽으로 한 칸 이동하고, 소수 두 자릿수라면 오른쪽으로 두 칸 이동해서 자연수를 만들어 계산하는 것이에요.

이때 나눠지는 수의 소수점도 나누는 수의 소수점이 오른쪽으로 이동한 칸 수만큼 이동해야 해요. 이동한 소수점의 위치에 맞춰 몫의 소수점을 맞추어 찍는 것이 중요해요.

$$\frac{\text{몫}}{\text{나누는 수}\overline{)\text{나눠지는 수}}}$$

$5.4\overline{)19.98}$ ➡ $5.4\overline{)19.98}$ ➡ $54\overline{)199.8}$

오른쪽으로
한 칸 이동

$$54\overline{)\begin{array}{r}3.7 \\ 199.8 \\ \underline{162} \\ 378 \\ \underline{378} \\ 0\end{array}}$$

이동한 소수점
위치에 맞춰
몫의 소수점 찍기

분수의 나눗셈에서 분모가 같은 분수의 나눗셈은 분자끼리 나누어도 식이 성립해요.

$$\frac{5}{7} \div \frac{1}{7} = 5 \div 1$$

$$\frac{8}{10} \div \frac{2}{10} = 8 \div 2$$

14와 14.0은 무엇이 다를까요?

$$3.5\overline{)14} \Rightarrow 3.5\overline{)14.0} \Rightarrow 35\overline{)140}$$

$$14 = 14.0$$

$$\begin{array}{r} 4 \\ 35\overline{)140} \\ 140 \\ \hline 0 \end{array}$$

14는 자연수이고 14.0은 소수예요. 즉, 14는 자연수이기도 하지만 14.0과 같이 소수 모양으로 나타낼 수 있으므로 소수이기도 해요. 자연수를 소수로 나누는 경우에는 위처럼 자연수에 생략된 소수점을 쓰고 소수점 위치를 이동시켜요.

개념 다지기

- 어미 담비가 새끼를 낳았어요. 어미 담비의 몸무게는 2.52kg이고 새끼 담비의 몸무게는 0.28kg입니다. 어미 몸무게는 새끼 몸무게의 몇 배인지 세 가지 방법으로 계산해 보세요.

(1) 덜어 내기
(2) 분수의 나눗셈으로 바꾸어 계산하기
(3) 소수점을 옮겨 세로셈으로 계산하기

 핵심 콕콕

나누는 수를 자연수가 되게 소수점을 오른쪽으로 옮기고,
옮긴만큼 나뉘지는 수의 소수점도 오른쪽으로 옮겨서 계산!

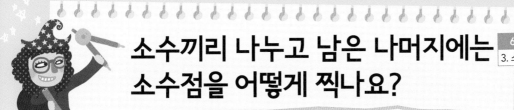

소수끼리 나누고 남은 나머지에는 소수점을 어떻게 찍나요?

 개념 익히기

소수의 나눗셈은 나머지에도 소수점을 찍어요

우유 5.5L를 1.2L씩 나눠 담는 것을 계산식으로 나타내면 5.5 ÷ 1.2입니다. 아이는 소수의 나눗셈을 편리하게 하려고 5.5 ÷ 1.2를 자연수 55 ÷ 12로 바꾸어 계산했어요. 그런데 5.5L의 우유를 1.2L 4병에 나눠 담고도 7L가 남는다고 대답하고 말았어요. 원래 있던 우유보다 더 많은 양의 우유가 남았다고 한 것이죠.

이런 계산 결과가 나온 이유는 아이가 나머지에 들어 있는 소수점을 생각하지 못했기 때문이에요.

덜어 내기로 알아보기

소수로 덜어 냈을 때

$$5.5 - 1.2 - 1.2 - 1.2 - 1.2 = 0.7$$

한 병 ↓ 두 병 ↓ 세 병 ↓ 네 병

4.3   3.1   1.9

자연수로 바꾸고 덜어 냈을 때

$$55 - 12 - 12 - 12 - 12 = 7$$

한 병 ↓ 두 병 ↓ 세 병 ↓ 네 병

43   31   19

$5.5 \div 1.2$를 덜어 내기로 계산해 보았어요. 소수 그대로 계산한 $5.5 \div 1.2$의 나머지는 0.7이고, 자연수로 바꾸고 덜어 낸 $55 \div 12$의 나머지는 7이에요. 몫은 둘 다 4로 같지만 나머지는 0.7과 7로 서로 다른 것이죠.

만화 속 아이는 몫이 같기 때문에 나머지도 같을 거라고 생각했나 봐요. 자연수로 바꾸기 전의 계산식이 소수였다는 것을 잊으면, 나머지를 잘못 써서 다 한 계산을 틀릴 수 있어요. $5.5 \div 1.2$는 $55 \div 12$로 바꾸어 계산해도 되지만 나머지를 구할 때는 바꾸기 전의 수가 무엇이었는지를 생각해야 해요.

세로셈으로 알아보기

$5.5 \div 1.2$의 세로셈

$$1.2\overline{)5.5} \Rightarrow 1.2\overline{)5.5} \Rightarrow 12\overline{)55} \Rightarrow 12\overline{)55} \Rightarrow 1.2\overline{)5.5}$$

$5.5 \div 1.2 = 4 \cdots 0.7$

나눠지는 수의 옮기기 전 소수점에 맞춰 나머지의 소수점을 찍어요.

$55 \div 12$의 세로셈

$$12\overline{)55}$$

$55 \div 12 = 4 \cdots 7$

$5.5 \div 1.2$의 세로셈에서 소수점 위치를 잘 살펴보면, 나눠지는 수와 나누는 수 둘 다 소수점이 똑같이 오른쪽으로 한 칸 옮겨졌어요. 하지만 나머지는 소수점을 옮기기 전 나눠지는 수의 소수점 위치를 따르고 있어요.

즉, 소수의 나눗셈에서 나머지의 소수점을 찍을 때는 나눠지는 수의 처음 소수점 자리에 맞춰야 해요. 자연수 $55 \div 12$의 세로셈은 소수점 이동이 필요 없기 때문에 나머지는 그대로 자연수가 됩니다.

제대로 나누었는지 확인하려면 검산!

나눗셈을 제대로 계산한 것인지 확인해야 나눗셈이 마무리돼요. 이렇게 확인하는 작업을 '검산'이라고 한답니다. 검산 후에 나눠지는 수의 값이 나와야 제대로 계산한 것이에요.

계산

나눠지는 수 ÷ 나누는 수 = 몫 ⋯ 나머지

$5.5 \div 1.2 = 4 \cdots 0.7$

검산

나누는 수 × 몫 + 나머지 = 나눠지는 수

$1.2 \times 4 + 0.7 = 5.5$

● 21.6 ÷ 4의 몫을 자연수 부분까지 구하고 나머지를 알아본 후 검산하세요.

 나머지의 소수점은 나눠지는 수의 처음 위치와 같게 찍는다!

입체도형

3

도형

대칭

쌓기나무

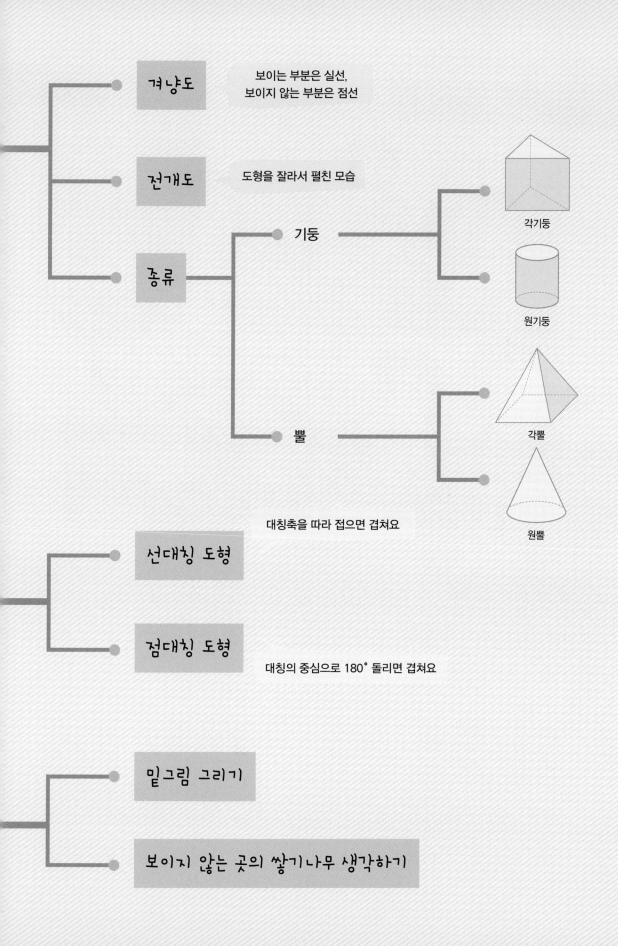

겨냥도

보이는 부분은 실선,
보이지 않는 부분은 점선

전개도

도형을 잘라서 펼친 모습

종류

기둥

각기둥

원기둥

뿔

각뿔

원뿔

선대칭 도형

대칭축을 따라 접으면 겹쳐요

점대칭 도형

대칭의 중심으로 180° 돌리면 겹쳐요

밑그림 그리기

보이지 않는 곳의 쌓기나무 생각하기

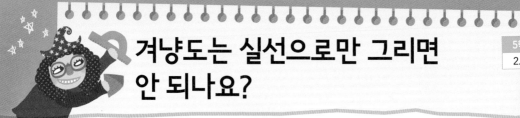

겨냥도는 실선으로만 그리면 안 되나요?

개념 익히기

겨냥도를 그릴 때는 이렇게!

겨냥도의 여러 가지 예시

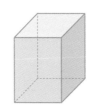
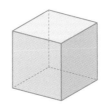

종이 위에 직육면체의 모양을 잘 알 수 있도록 그린 그림을 '겨냥도'라고 해요. 겨냥도를 그릴 때는 보이는 부분은 실선(-)으로, 보이지 않는 부분은 점선(···)으로 나타내야 해요.

겨냥도를 실선으로만 그렸을 때

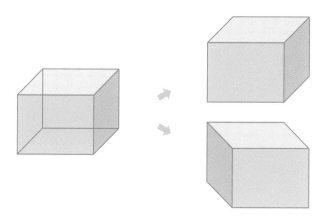

　왼쪽에 있는 도형은 실선으로만 그린 겨냥도예요. 겨냥도를 실선으로만 그렸더니 어떤 형태의 직육면체를 그린 것인지 알 수 없어요. 위쪽처럼 놓여 있는 직육면체를 보고 그린 것인지, 아래쪽처럼 놓여 있는 직육면체를 보고 그린 것인지 알 수 없는 것이죠.

겨냥도를 실선과 점선으로 그렸을 때

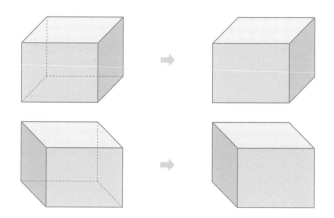

　보이는 부분은 실선(―)으로, 보이지 않는 부분은 점선(…)으로 그린 겨냥도예요. 어떤 형태의 직육면체인지 한눈에 알 수 있죠?

　직육면체는 직사각형 모양의 면 6개로 둘러싸인 입체도형이기 때문에 평면인 종이 위에 그리기 위해서는 실선(―)과 점선(…)을 적절히 사용해야 해요. 보이는 부분은 실선(―), 보이지 않는 부분은 점선(…)으로 그리면 정확한 직육면체의 겨냥도를 그릴 수 있어요.

겨냥도를 정확히 그리려면 어떻게 해야 할까요?

① 물체의 보이는 부분을 실선으로 　　　② 보이지 않는 부분을 점선으로

　　겨냥도를 정확히 그리기 위해서는 두 가지만 기억하면 돼요. 물체의 보이는 부분을 먼저 실선으로 그리고, 그 다음에 보이지 않는 부분을 점선으로 그리는 것이죠. 이것만 기억하면 언제나 정확한 겨냥도를 그릴 수 있어요.

● 다음 직육면체의 겨냥도를 그려 보세요.

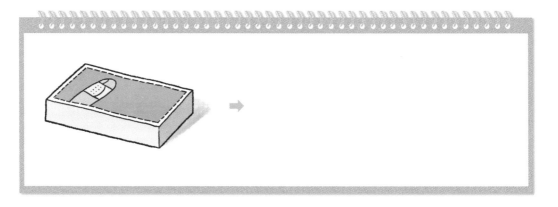

 겨냥도를 그릴 때 보이는 부분은 실선(-)으로, 보이지 않는 부분은 점선(…)으로!

직육면체의 전개도는 한 가지가 아니에요?

방이 돼지우리보다 더 더럽잖아!

담을 상자가 없단 말이에요….

이걸로 상자 만들어서 써.

내가 배운 전개도는 이렇게 생겼는데?

개념 익히기

전개도가 뭘까요?

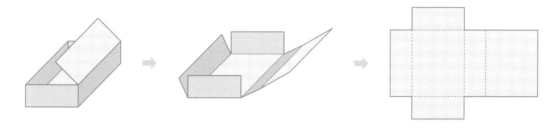

　입체도형을 펼쳐서 평면에 나타낸 것을 '전개도'라고 해요. 직육면체를 위 그림처럼 평면에 펼쳐서 나타낸 것이 '직육면체의 전개도'지요. 어떻게 직육면체를 펼치느냐에 따라 다양한 형태의 전개도가 나올 수 있어요.

전개도 그리는 방법

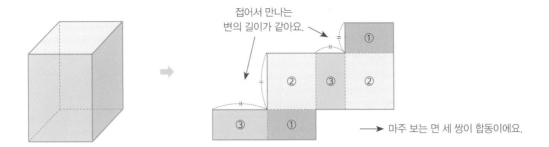

직육면체의 전개도를 그리는 방법은 한 가지만 있는 것이 아니에요. 여러 가지 방법으로 전개도를 그릴 수 있지요. 하지만 마주 보는 면 세 쌍이 서로 합동이고, 접어서 만나는 변의 길이를 같게 그려야 전개도가 될 수 있어요.

둘 다 직육면체의 전개도가 맞을까요?

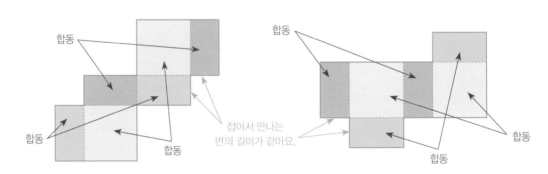

서로 다르게 생겼지만, 엄마가 준 전개도와 아이가 생각한 전개도 모두 직육면체의 전개도가 맞아요. 마주 보는 세 쌍의 면이 합동이고, 접어서 만나는 변의 길이가 같기 때문이에요.

정육면체의 전개도

정육면체는 다양한 모양의 전개도가 있어요. 무려 열한 가지 형태의 전개도가 존재하지요. 전개도의 조건을 만족하는 모양이 이렇게 많은 것이랍니다.

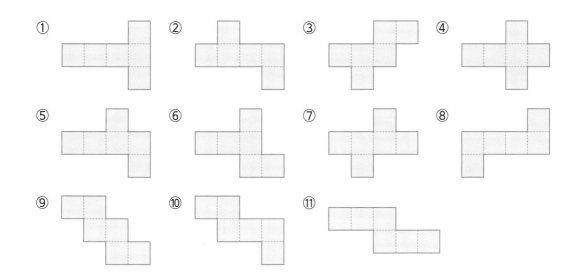

● 다음 전개도 중 직육면체의 전개도가 될 수 없는 것을 고르고, 그 이유를 써 보세요.

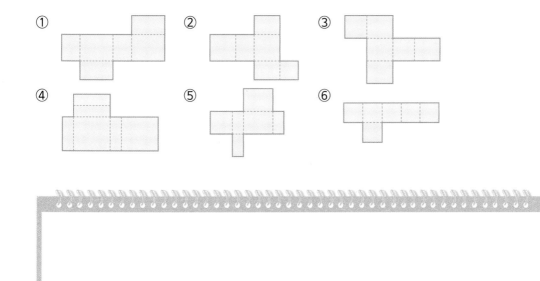

마주 보는 면 세 쌍이 합동이고, 접어서 만나는 변의 길이가 같으면
모두 직육면체의 전개도!

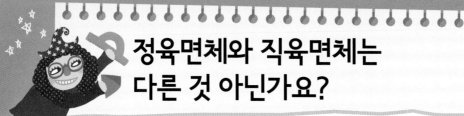

정육면체와 직육면체는 다른 것 아닌가요?

정육면체와 직육면체

정육면체

직육면체

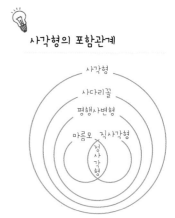

사각형의 포함관계

정육면체는 정사각형 모양의 면 6개로 둘러싸인 도형이고, 직육면체는 직사각형 모양의 면 6개로 둘러싸인 도형이에요.

정사각형과 직사각형

사각형의 형태는 아주 다양해요. 사다리꼴도 평행사변형도 사각형이랍니다. 그리고 사각형 중에서 네 변의 길이가 같은 직사각형을 우리는 정사각형이라고 부릅니다. 즉, 정사각형은 네 변의 길이가 같은 직사각형인 것이에요.

다양한 직사각형

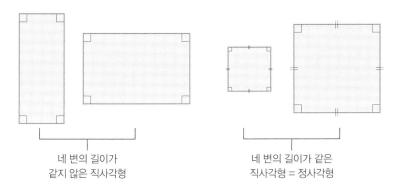

네 변의 길이가
같지 않은 직사각형

네 변의 길이가 같은
직사각형 = 정사각형

모두 직육면체라고요?

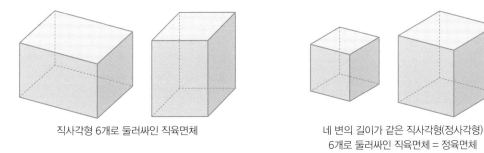

직사각형 6개로 둘러싸인 직육면체

네 변의 길이가 같은 직사각형(정사각형)
6개로 둘러싸인 직육면체 = 정육면체

직육면체와 직육면체는 서로 다른 것이 아니에요. 6개의 직사각형으로 둘러싸인 직육면체 중 네 변의 길이가 같은 직사각형(=정사각형) 6개로 둘러싸인 직육면체를 정육면체라고 하는 것이지요. 즉, 정육면체는 다양한 직육면체 중 특정 조건(네 변의 길이가 같은 직사각형(=정사각형)으로 둘러싸인)을 만족하는 직육면체예요.

입체도형의 포함관계

직육면체

정육면체

우리 주변의 물건을 분류해 보아요

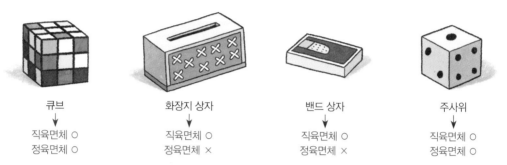

큐브	화장지 상자	밴드 상자	주사위
↓	↓	↓	↓
직육면체 ○	직육면체 ○	직육면체 ○	직육면체 ○
정육면체 ○	정육면체 ×	정육면체 ×	정육면체 ○

앞에서 배운 것을 적용해 볼까요? 큐브와 주사위는 정육면체이면서 당연히 직육면체이고, 화장지 상자와 밴드 상자는 직육면체만 된다는 것을 알 수 있어요.

• 아래의 설명을 보고 맞는 것에는 ○, 틀린 것에는 × 표시를 하세요.

· 정육면체는 직육면체라고 할 수 있다. (　　)
· 직육면체는 정육면체라고 할 수 있다. (　　)
· 직육면체의 면은 모두 정사각형이다. (　　)
· 정육면체의 면은 모두 정사각형이다. (　　)
· 정육면체의 면은 모두 직사각형이다. (　　)
· 직육면체의 면은 모두 직사각형이다. (　　)

정육면체는 다양한 직육면체 중
네 변의 길이가 같은 직사각형(=정사각형) 6개로 둘러싸인 도형!

대칭축인지 아닌지 어떻게 알아요?

대칭축이 뭘까요?

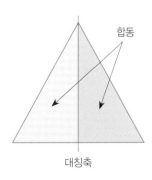

한 직선을 따라 접었을 때, 완전히 겹쳐지는 도형을 '선대칭 도형'이라고 해요. 이때, 접혀진 직선을 '대칭축'이라고 부릅니다. 대칭축을 기준으로 나뉜 두 도형은 서로 합동을 이뤄요.

합동

모양과 크기가 같아서 포개었을 때, 완전히 겹쳐지는 도형을 서로 합동이라고 해요.

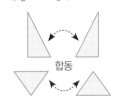

89

㉠과 ㉡은 왜 대칭축이 될 수 없을까요?

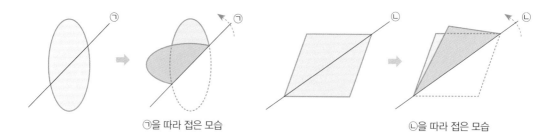

㉠을 따라 접은 모습　　　　　㉡을 따라 접은 모습

직선 ㉠과 ㉡을 기준으로 나누어진 두 도형은 크기와 모양이 같기에 합동이에요. 그러나 ㉠과 ㉡을 따라서 도형을 접으면 딱 맞게 겹쳐지지 않아요. 그래서 ㉠과 ㉡은 대칭축이 될 수 없어요. 대칭축이 되려면, 대칭축을 따라 접었을 때 두 도형이 완전히 겹쳐져야 해요.

어떻게 그려야 대칭축이 될까요?

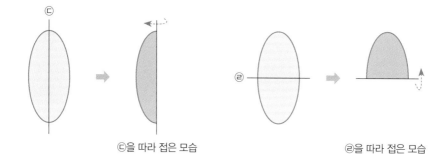

㉢을 따라 접은 모습　　　　　㉣을 따라 접은 모습

그림처럼 ㉢, ㉣을 기준으로 접으면 도형이 서로 완전히 겹쳐져요. 또한 ㉢, ㉣을 기준으로 나누어진 두 도형은 당연히 합동이에요. 그렇기 때문에 타원에서 ㉢, ㉣은 대칭축이 될 수 있어요.

💡 **선대칭 도형에서 대칭축은 1개?**

타원의 대칭축은 위의 그림처럼 ㉢, ㉣ 2개예요. 또한, 하트 모양은 대칭축이 1개이고, 사각형은 대칭축이 2개예요. 별모양은 대칭축을 무려 5개나 그릴 수 있어요. 이렇게 선대칭 도형은 대칭축이 1개인 것도 있지만 여러 개인 것도 있어요.

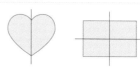

평행사변형의 대칭축은 어떻게 그릴까요?

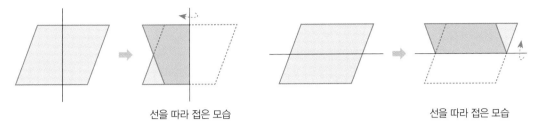

선을 따라 접은 모습   선을 따라 접은 모습

평행사변형은 아무리 머리를 굴려 보아도, 접었을 때 두 도형이 겹쳐지게 대칭축을 그릴 수 없어요. 왜 그럴까요?

앞에서 본 타원은 선대칭 도형이기 때문에 대칭축을 그릴 수 있어요. 그러나 평행사변형은 선대칭 도형이 아니기 때문에 대칭축을 그릴 수 없어요. 즉, 대칭축은 선대칭 도형이 되는 경우에만 그릴 수 있어요.

- 선대칭 도형을 찾고 대칭축을 그려 보세요.

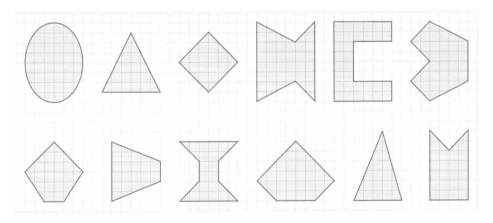

 한 직선을 따라 접었을 때 완전히 겹쳐지면, 접혀진 직선은 대칭축!

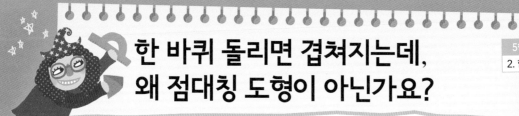
한 바퀴 돌리면 겹쳐지는데, 왜 점대칭 도형이 아닌가요?

점대칭 도형이 뭘까요?

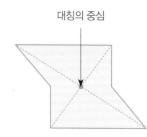

대칭의 중심

한 도형을 어떤 점을 중심으로 180° 돌렸을 때, 처음 도형과 완전히 겹쳐지면 '점대칭 도형'이라고 해요. 이때, 그 점은 '대칭의 중심'이라고 하죠.

점대칭 도형에서 한 점 (대칭의 중심)을 중심으로 180° 돌렸을 때 겹쳐지는 꼭짓점은 대응점, 겹쳐지는 변은 대응변, 겹쳐지는 각은 대응각이라고 해요.

점대칭 도형을 살펴볼까요?

점대칭 도형은 대칭의 중심이 되는 점을 중심으로 180° 돌리면 완전히 겹쳐져요

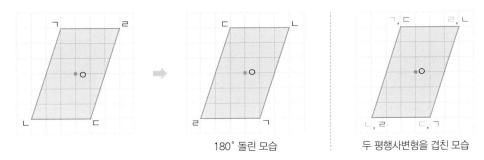

180° 돌린 모습 　　　　 두 평행사변형을 겹친 모습

점대칭 도형은 대칭의 중심이 되는 점을 중심으로 180° 돌리면, 돌린 도형과 처음 도형이 완전히 겹쳐지는 특징을 가지고 있어요.

대응점, 대응변, 대응각이 있어요

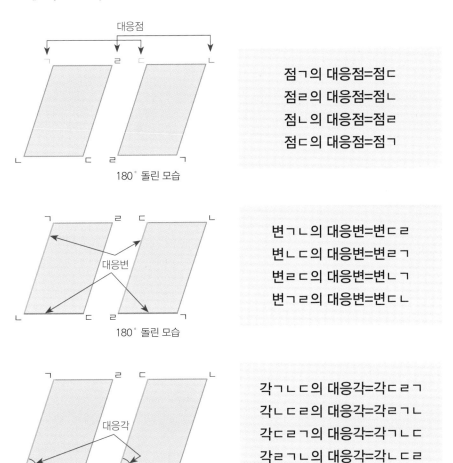

점ㄱ의 대응점=점ㄷ
점ㄹ의 대응점=점ㄴ
점ㄴ의 대응점=점ㄹ
점ㄷ의 대응점=점ㄱ

변ㄱㄴ의 대응변=변ㄷㄹ
변ㄴㄷ의 대응변=변ㄹㄱ
변ㄹㄷ의 대응변=변ㄴㄱ
변ㄱㄹ의 대응변=변ㄷㄴ

각ㄱㄴㄷ의 대응각=각ㄷㄹㄱ
각ㄴㄷㄹ의 대응각=각ㄹㄱㄴ
각ㄷㄹㄱ의 대응각=각ㄱㄴㄷ
각ㄹㄱㄴ의 대응각=각ㄴㄷㄹ

각각의 대응점에서 대칭의 중심까지의 거리가 같아요

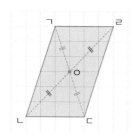

점ㄱ에서 점ㅇ(대칭의 중심)까지의 거리와 점ㄷ에서 점ㅇ까지의 거리가 같고, 마찬가지로 점ㄹ에서 점ㅇ까지의 거리도 점ㄴ에서 점ㅇ까지의 거리와 같아요. 각각의 대응점에서 대칭의 중심까지의 거리가 같다는 성질을 이용하여 점대칭 도형을 그릴 수도 있고, 찾을 수도 있어요.

정삼각형과 정오각형은 왜 점대칭 도형이 될 수 없을까요?

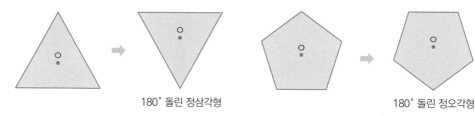

정삼각형과 정오각형은 점ㅇ을 중심으로 180° 돌렸을 때 처음 도형과 완전히 겹쳐지지 않아요. 그러므로 점대칭 도형이 될 수 없어요. 정삼각형과 정오각형이 점대칭 도형이 되지 않는다는 것은 대칭의 중심과 대응점과의 관계를 통해서도 알 수 있어요.

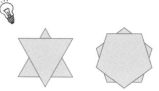

180° 돌린 도형이 처음 도형과 겹쳐지지 않아요.

정삼각형

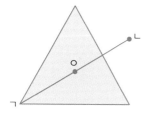

대칭의 중심(점ㅇ)을 기준으로 선분 ㄱㅇ과 같은 거리에 있는 선분은 선분 ㄴㅇ이에요. 즉, 점ㄱ에 대응되는 대응점은 점ㄴ이 되어야 해요. 하지만 정삼각형에서는 점ㄱ에 대응되는 대응점을 찾을 수 없어요.

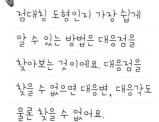

점대칭 도형인지 가장 쉽게 알 수 있는 방법은 대응점을 찾아보는 것이에요. 대응점을 찾을 수 없으면 대응변, 대응각도 물론 찾을 수 없어요.

정오각형

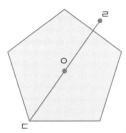

대칭의 중심(점ㅇ)을 기준으로 선분 ㄷㅇ과 같은 거리에 있는 선분은 선분 ㄹㅇ이에요. 즉, 점ㄷ에 대응되는 점은 점ㄹ이 되어야 해요. 하지만 정오각형에서는 점ㄷ에 대응되는 대응점을 찾을 수 없어요.

● 다음 알파벳 중 점대칭 도형이 되는 것을 찾아보세요.

●● 점ㅇ을 중심으로 하는 점대칭 도형이에요. 빈칸에 들어갈 알맞은 수를 써 보세요.

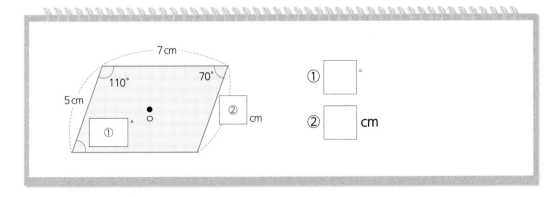

한 점을 중심으로 180° 돌렸을 때, 처음 도형과 겹쳐지면 점대칭 도형!

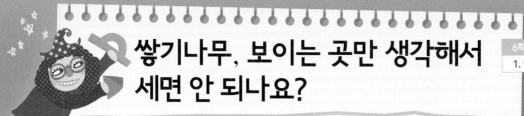

쌓기나무, 보이는 곳만 생각해서 세면 안 되나요?

6학년 2학기
1. 쌓기나무

이 쌓기나무는 쌓기나무 몇 개로 만들었을까요?

10개!

12개로 만들었지롱!

쌓기나무의 개수는 어떻게 알 수 있을까요?

앞에서 본 모습　　보이지 않는 부분에 쌓기나무가 없을 때

앞에서 본 모습　　보이지 않는 부분에 쌓기나무가 있을 때

앞에서 보면 보이지 않아요.

　쌓기나무의 개수를 구할 때는 보이지 않는 부분의 쌓기나무까지 생각해야 해요.
앞에서 보았을 때, 2개의 쌓기나무가 쌓여 있는 것처럼 보이는 경우를 생각해 보아요. 뒤쪽 보이지 않는 부분에 쌓기나무가 없다면 쌓기나무의 개수는 2개이지만, 보이지 않는 부분에 쌓기나무가 1개 있다면 쌓기나무의 개수는 총 3개가 돼요.

밑그림이 있으면 파악하기 쉬워요

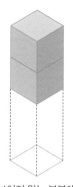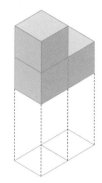

보이지 않는 부분에
쌓기나무가 없을 때의 밑그림

보이지 않는 부분에
쌓기나무가 있을 때의 밑그림

2개인지 3개인지 알쏭달쏭한 상황을 피하기 위해, 쌓기나무가 바닥에 닿은 면의 모양을 그린 '밑그림'이 필요해요. 밑그림은 위에서 본 모양으로 생각해도 된답니다. 밑그림을 보고 숨어 있는 쌓기나무가 있는지 없는지 파악하면 정확한 쌓기나무의 개수를 알 수 있어요.

개념 ✚ 플러스

밑그림이 있는 경우, 쌓기나무 개수를 구하는 방법

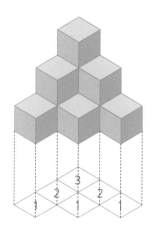

왼쪽 그림과 같은 쌓기나무의 밑그림이 있었다면 몇 개가 정답이었을까요?

밑그림에 쌓기나무의 개수를

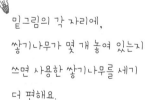

밑그림의 각 자리에, 쌓기나무가 몇 개 놓여 있는지 쓰면 사용한 쌓기나무를 세기 더 편해요.

쓰고 그것을 모두 더하면 몇 개의 쌓기나무로 만들어졌는지 알 수 있는데, 다 더해 보면 $1 + 1 + 1 + 2 + 2 + 3 = 10$이라는 결론이 나와요. 이 모양을 만드는 데 사용된 쌓기나무의 개수는 10개인 것이지요.

밑그림이 없는 경우, 쌓기나무 개수를 구하는 방법

① 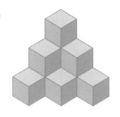 보이는 곳을 중심으로 밑그림을 그려요.

②  밑그림의 각 자리에 놓인 쌓기나무의 개수를 써요.

③ 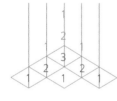 각 자리의 맨 마지막에 가운데를 중심으로 선을 그어요.

④ 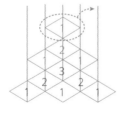 수를 하나씩 줄여 '1'이 될 때까지 써요.(각 중심의 세로 일직선상에는 원래의 개수보다 하나 작은 개수만큼 보이지 않게 쌓을 수 있기 때문이에요. 2개의 쌓기나무 뒤에는 1개의 쌓기나무만 보이지 않게 쌓을 수 있어요.)

⑤ 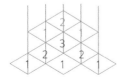 각 중심선을 기준으로 보이지 않는 부분의 쌓기나무 밑그림을 그려요. 면끼리 닿지 않는 쌓기나무는 없애요.(쌓기나무는 기본적으로 면끼리 닿아야 해요. 꼭짓점만 닿아서는 쌓을 수 없어요.)

⑥ 밑그림에 있는 개수를 모두 더하면 14개예요. 보이는 쌓기나무는 10개(1 + 1 + 1 + 2 + 2 + 3 = 10)이고, 보이지 않는 쌓기나무는 4개(1 + 1 + 2 = 4)지요. 안 보이는 쌓기나무는 있을 수도 있고 없을 수도 있어요. 즉, 이 경우 쌓기나무는 최소 10개에서 최대 14개라고 예상할 수 있어요.

쌓기나무 12개로 쌓으면 어떤 밑그림이 될까요?

①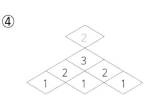

②

③

④

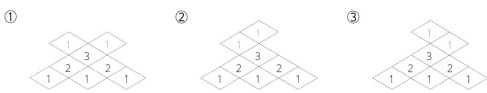

쌓기나무 12개를 사용했다면 ①~③번 그림처럼 세 가지 형태의 밑그림을 그릴 수 있어요. ④번과 같은 형태도 생각해 볼 수 있지만, 이 경우는 면끼리 닿지 않았기 때문에 쌓기를 한 것이 아니에요.

이처럼 쌓기나무는 밑그림이 없으면 정확한 쌓기나무의 개수를 알 수 없어요. 밑그림이 없는 쌓기나무의 개수를 구하기 위해서는 보이지 않는 부분의 쌓기나무까지 생각해서 몇 개가 있을지 예상해야 해요.

개념 다지기

● 아래 그림과 같이 쌓기나무를 쌓을 때, 필요한 쌓기나무의 가장 적은 수와 가장 많은 수를 구해 보세요.

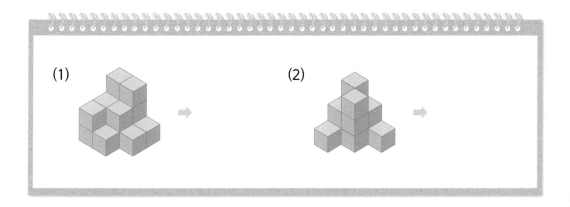

 핵심 콕콕 밑그림이 없는 쌓기나무의 개수를 구할 때는 보이지 않는 부분의 쌓기나무도 생각해요!

위, 앞, 옆 모양만 보고 어떻게 쌓기나무를 쌓을 수 있나요?

위, 앞, 옆 모양만 알면 문제없어요

쌓기나무에서 위에서 본 모양은 밑그림과 같은 모양이에요. 위에서 본 모양을 기준으로 앞, 옆에서 본 모양을 살펴보면 어떻게 쌓기나무를 쌓아야 할지 알 수 있답니다.

먼저 위와 앞의 모양을 살펴보고 위에서 본 모양을 기준으로 앞에서 가장 높은 층이 어디인지를 찾아요. 같은 방법으로 위와 옆의 모습을 비교해, 옆에서 가장 높은 층을 찾지요. 이후, '위＋앞', '위＋옆'의 밑그림을 비교해서 최종 밑그림을 그리면, 그것에 따라 쌓기나무를 쌓을 수 있어요.

실전에 적용해 보기

1. 위에서 본 모양(=밑그림)을 기준으로 앞과 옆에서 가장 높은 층은?

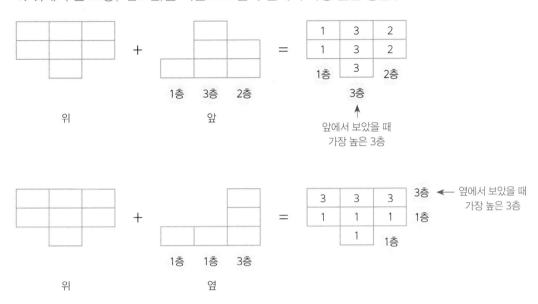

2. 위, 앞, 옆 모양을 통해 각 위치에 놓일 쌓기나무의 개수 예측하여 비교하기

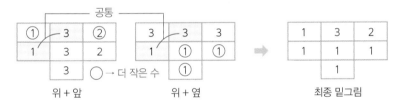

예측된 개수를 비교하여 공통된 부분은 그대로 써 넣고, 공통되지 않은 부분은 더 작은 수를 써요. 왜냐하면 앞과 옆에서 볼 때, 가장 높은 층을 찾았기 때문이에요. 가장 높은 층보다 큰 수를 쓰면 앞과 옆에서 본 모양이 달라진답니다. 이렇게 위, 앞, 옆을 모두 합치면 최종 밑그림을 그릴 수 있어요.

3. 최종 밑그림대로 쌓기나무를 쌓은 모습

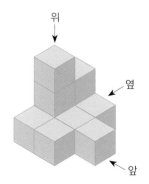

쌓아진 모양을 보고 위, 앞, 옆 모양을 그려 보아요

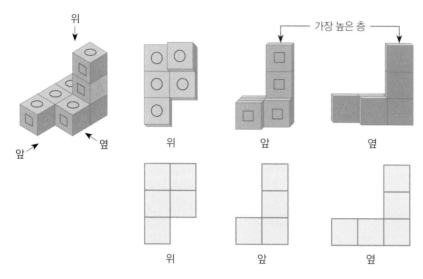

위에서 본 모양은 바닥에 닿은 쌓기나무의 모양을 생각하고, 앞과 옆에서 본 모양은 가장 높은 층을 생각해서 그리면 쉬워요.

개념 다지기

● 위, 앞, 옆에서 본 쌓기나무의 모습이에요. 밑그림의 각 자리에 놓인 쌓기나무의 개수를 써 보세요.

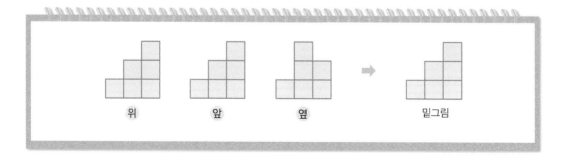

위와 앞, 위와 옆의 모습을 먼저 생각하고 밑그림을 그리자!

각기둥의 옆면은 사각형 아닌가요?

개념 익히기

각뿔이 뭘까요?

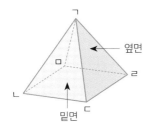

밑면이 다각형이고 옆면이 '삼각형'으로 이루어진 도형을 각뿔이라고 해요. 각뿔은 밑면의 모양이 어떻게 생겼는지에 따라 삼각형이면 삼각뿔, 사각형이면 사각뿔, 오각형이면 오각뿔이라고 해요.

103

각기둥이 뭘까요?

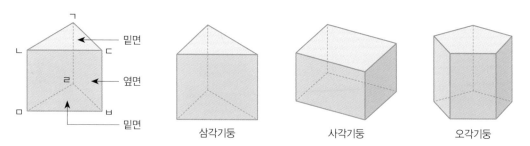

밑면이 다각형이고 옆면이 사각형이 아닌 '직사각형'으로 이루어진 도형을 각기둥이라고 해요. 각기둥은 밑면의 모양이 어떻게 생겼는지에 따라 삼각형이면 삼각기둥, 사각형이면 사각기둥, 오각형이면 오각기둥이라고 해요.

사각형과 직사각형 뭐가 다른가요?

사각형은 4개의 변(선분)으로 둘러싸인 도형이에요.

다양한 형태의 사각형 중, 네 각이 모두 직각인 사각형이 직사각형이에요.

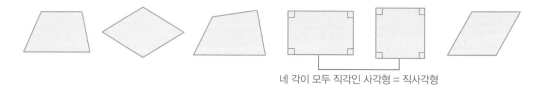

네 각이 모두 직각인 사각형 = 직사각형

각기둥의 특징

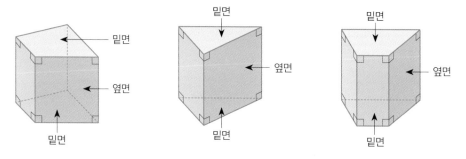

각기둥의 옆면은 사각형이 아니라 직사각형이에요. 각기둥은 위 그림처럼 다양한 형태의 밑면을 가지더라도 옆면은 꼭 직사각형이에요.

각뿔의 특징

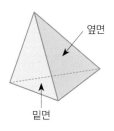
옆면
밑면

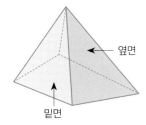
옆면
밑면

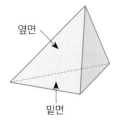
옆면
밑면

각뿔의 옆면은 삼각형이에요. 모든 각뿔의 옆면이 이등변삼각형이라고 생각하는 친구들이 있는데, 그건 잘못된 생각이에요. 두 변의 길이가 다른 위와 같은 형태의 각뿔도 있기 때문이지요

삼각형과 이등변삼각형 뭐가 다른가요?

삼각형은 3개의 변(선분)으로 둘러싸인 도형이에요.

다양한 형태의 삼각형 중, 두 변의 길이가 같은 삼각형이 이등변삼각형이에요.

두 변의 길이가 같은 삼각형=이등변삼각형

개념 다지기

● 사각뿔과 사각기둥의 공통점과 차이점을 써 보세요.

핵심 콕콕 각뿔의 옆면은 삼각형, 각기둥의 옆면은 직사각형!

사각기둥은 밑면이 6개라고요?

밑면이 멀까요?

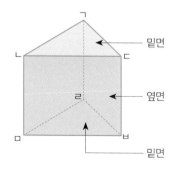

각기둥에서 서로 평행하고 나머지 다른 면에 수직인 두 면을 밑면이라고 해요. 왼쪽의 삼각기둥에서는 면ㄱㄴㄷ과 면ㄹㅁㅂ이 밑면이에요. 두 밑면에 수직인 면ㄱㄴㅁㄹ, 면ㄴㄷㅂㅁ, 면ㄱㄷㅂㄹ은 옆면이지요. 즉, 삼각기둥은 2개(한 쌍)의 밑면과 3개의 옆면을 가지고 있어요.

각기둥에서 옆면의 개수는 밑면의 변의 수와 같고, 밑면은 항상 2개(한 쌍)예요.

사각기둥에서 밑면은 어디일까요?

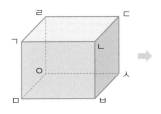

밑면이 될 수 있는 서로 평행한 면

면ㄱㄴㄷㄹ, 면ㅁㅂㅅㅇ

면ㄱㄹㅇㅁ, 면ㄴㄷㅅㅂ

면ㄱㄴㅂㅁ, 면ㄹㄷㅅㅇ

서로 평행한 세 쌍의 면은 모두 밑면이 될 수 있어요. 평행한 세 쌍의 면 모두 두 면이 평행하고 나머지 다른 면에 수직이기 때문이에요.

이때, 사각기둥에서 면ㄱㄴㄷㄹ, 면ㅁㅂㅅㅇ을 밑면이라고 하면 나머지 면(면ㄱㄹㅇㅁ, 면ㄴㄷㅅㅂ, 면ㄱㄴㅂㅁ, 면ㄹㄷㅅㅇ)은 옆면이 되어요. 당연히 면ㄱㄹㅇㅁ, 면ㄴㄷㅅㅂ을 밑면이라고 하면 나머지 면은 옆면이 되지요. 즉, 사각기둥에서 밑면이 될 수 있는 것은 세 쌍이지만 한 쌍을 밑면이라고 정하면 나머지 면은 옆면이 됩니다. 그러므로 각기둥에서 밑면은 항상 2개(한 쌍)예요.

육각기둥에서 밑면은 어디일까요?

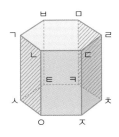

육각기둥에서 면ㄱㅅㅇㄴ과 면ㅁㅋㅊㄹ은 두 면이 서로 평행한다는 조건은 만족하지만, 나머지 다른 면에 수직이 되지는 않아요. 그래서 이 두 면은 밑면이 될 수 없어요. 육각기둥의 밑면은 면ㄱㄴㄷㄹㅁㅂ과 면ㅅㅇㅈㅊㅋㅌ이에요.

각기둥에 대해 좀 더 알아보아요

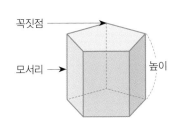

각기둥에서 면과 면이 만나는 선분은 모서리라고 하고, 모서리와 모서리가 만나는 점은 꼭짓점이라고 해요. 그리고 두 밑면 사이의 거리는 높이라고 해요.

각뿔에 대해 좀 더 알아보아요

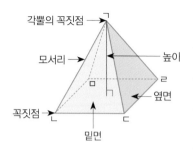

각뿔에서 면과 면이 만나는 선분은 모서리라고 하고, 모서리와 모서리가 만나는 점은 꼭짓점이라고 해요. 꼭짓점 중에서도 옆면이 모두 만나는 점은 각뿔의 꼭짓점이라고 한답니다. 각뿔의 꼭짓점에서 밑면에 수직인 선분의 길이가 높이예요.

각뿔의 높이

가끔 빨간색 선의 길이를 높이라고 생각하는 친구들이 있지만 이것은 높이가 아니에요. 높이는 각뿔의 꼭짓점에서 밑면까지의 수직 거리를 말해요.

위 사각뿔의 밑면은 면ㄴㄷㄹㅁ이에요. 면ㄱㄴㄷ, 면ㄱㄷㄹ, 면ㄱㅁㄹ, 면ㄱㄴㅁ은 옆면이지요. 즉, 사각뿔에서 밑면은 1개, 옆면은 4개예요. 각뿔에서 옆면의 개수는 밑면의 변의 수와 같고, 밑면은 항상 1개예요.

개념 다지기

● □ 안에 알맞은 말을 쓰세요.

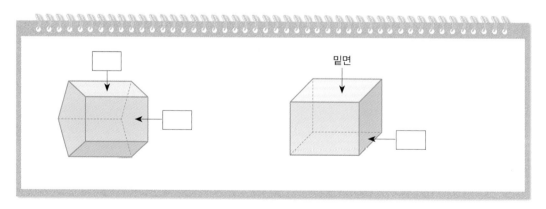

핵심 콕콕

사각기둥에서는 평행한 세 쌍의 면이 모두 밑면이 될 수 있다!

원기둥의 옆면은 곡면!
전개도 그릴 때도 옆면을 곡선으로?

원기둥의 전개도는 어떻게 그릴까요?

원기둥의 옆면을 곡선으로 그릴까요?

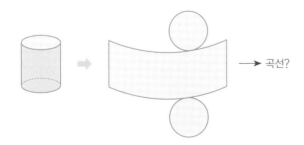

→ 곡선?

원기둥을 펼쳐서 평면에 나타낸 것은 '원기둥의 전개도'입니다. 원기둥이 곡면이니까 전개도도 이렇게 곡선으로 그리는 게 맞을까요?

원기둥을 만들 수 있을까요?

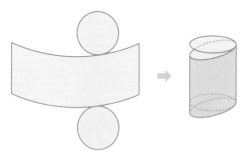

그린 전개도로 입체도형을 만들어 보면 올바른 전개도인지 아닌지 알 수 있어요. 옆면을 곡선으로 그린 전개도를 이용해 원기둥을 만들면 절대 원기둥을 만들 수 없어요.

원기둥의 옆면은 직선으로 그려요

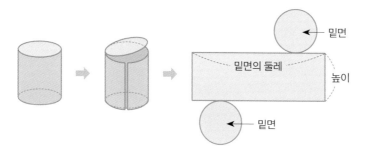

원기둥에서 곡면이었던 옆면은 전개도에서 직사각형이 되어요. 또한 2개의 밑면은 크기와 모양이 같은 원으로 이루어져 있어요. 즉, 원기둥의 전개도에서 두 밑면은 합동인 원이고, 옆면은 직사각형 모양이에요.

원뿔의 전개도는 어떻게 그릴까요?

원뿔의 옆면을 삼각형으로 그릴까요?

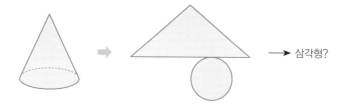

원뿔은 위에서 보면 원이고, 앞에서 보면 삼각형이에요. 그래서 원뿔의 전개도를 그릴 때, 옆면을 삼각형으로 그리는 친구들이 있어요. 과연 원뿔의 전개도에서 옆면은 삼각형일까요?

원뿔을 만들 수 있을까요?

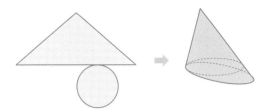

옆면을 삼각형으로 그린 전개도를 이용해 원뿔을 만들어 보니 원뿔이 만들어지지 않아요. 즉, 원뿔의 전개도에서 옆면은 삼각형으로 그리면 안 돼요.

원뿔의 옆면은 곡선으로 그려요

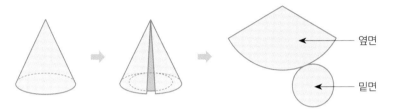

옆면

밑면

원뿔을 잘라서 펼쳐 보면 위 그림처럼 옆면이 곡선이 된답니다.

- 다음은 원기둥의 전개도라고 할 수 없어요. 이유가 무엇일까요?

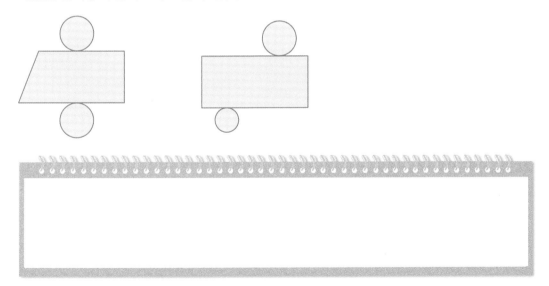

원기둥의 전개도는 합동인 원 2개와 직사각형으로 그릴 수 있다!

111

두 수나 두 양을
나눗셈으로 비교하는 것

비

비교하는 양 : 기준량

비율

4

비

정비례

비례식

비율이 같은 두 비를
등식으로 나타낸 식

반비례

비례배분

전체를 주어진 비로 배분하는 것

$$(\text{비교하는 양}) \div (\text{기준량}) = \frac{(\text{비교하는 양})}{(\text{기준량})}$$

x가 2배, 3배…로 변하면
y도 2배, 3배…로 변하는 관계

x가 2배, 3배…로 변하면
y도 $\frac{1}{2}$배, $\frac{1}{3}$배…로 변하는 관계

비가 뭐죠?

비는 무엇일까요?

> A학교의 전교생 수 : 선생님 수＝96 : 8
> B학교의 전교생 수 : 선생님 수＝1250 : 25

전교생 수와 선생님 수를 비교하는 방법은 두 가지예요. 뺄셈으로 비교하면 '전교생 수가 선생님 수보다 몇 명 더 많다.'라고 표현할 수 있고, 나눗셈으로 비교하면 '전교생 수는 선생님 수의 몇 배이다.'라고 표현할 수 있어요. '비'는 나눗셈으로 비교하여 표현하는 방식이랍니다.

앞에 나온 비는 모두 선생님 수를 기준으로 전교생 수를 비교한 것이에요. 이때 선생님 수는 '기준량'이라 하고, 전교생 수는 '비교하는 양'이라고 해요. 이렇게 두 수를 나눗셈으로 비교할 때는 기호 ':'를 사용한답니다.

앞에서 나온 비로 예를 들어 보면, 두 수 96과 8을 비교할 때 '96 : 8'이라고 쓰고 '96 대 8'이라고 읽는 것이에요. 96 : 8은 96이 8을 기준으로 몇 배인지를 나타내는 비랍니다. 96 : 8은 '8에 대한 96의 비', '96의 8에 대한 비', '96과 8의 비'라고도 읽어요.

비를 읽는 다양한 방법 정리

쓰기	◆ 비교하는 양 : ★ 기준량	96 : 8
읽기	◆ 대 ★	96 대 8
	★에 대한 ◆의 비	8에 대한 96의 비
	◆의 ★에 대한 비	96의 8에 대한 비
	◆과 ★의 비	96과 8의 비

비의 순서를 바꾸면 어떻게 될까요?

전교생 수 : 선생님 수 = 96 : 8
선생님 수(8)를 기준으로 전교생 수(96)를 비교한 것
→ 전교생 수는 선생님 수의 12배

선생님 수 : 전교생 수 = 8 : 96
전교생 수(96)를 기준으로 선생님 수(8)를 비교한 것
→ 선생님 수는 전교생 수의 $\frac{1}{12}$배

96 : 8과 8 : 96은 뜻이 전혀 다르지요? 비의 순서를 바꾸면 기준량과 비교하는 양이 바뀌어서 전혀 다른 의미가 돼요.

밥 짓는 데 쓰인 쌀과 물의 양을 비로 나타내 보아요

비의 표현 ➡ 비교하는 양 : 기준량

쌀(다섯 컵)에 대한 물(여섯 컵)의 양
기준량 　　　　 비교하는 양

➡ 물(여섯 컵) : 쌀(다섯 컵)
　　　　　6 : 5

물(여섯 컵)에 대한 쌀(다섯 컵)의 양
기준량 　　　　 비교하는 양

➡ 쌀(다섯 컵) : 물(여섯 컵)
　　　　　5 : 6

쌀 다섯 컵에 물 여섯 컵을 넣어 밥을 지으려고 해요. 두 양을 비로 나타낼 때는 앞에서 배웠듯이 기준량을 비의 기호 ':' 뒤에, 비교하는 양을 비의 기호 ':' 앞에 쓴답니다. 쌀에 대한 물의 양을 비로 나타내면 6 : 5예요. 이때 쌀은 기준량이 되고 물은 비교하는 양이 되지요. 물에 대한 쌀의 양을 비로 나타낸다면 물의 양이 기준이 되므로 6 : 5가 아닌 5 : 6이 답이 되어요.

개념 다지기

● 서로 알맞은 것끼리 선으로 이어 보세요.

① 8 : 5 　　　　　　　　　　　 ㉠ 4에 대한 9의 비

② 5 : 8 　　　　　　　　　　　 ㉡ 5의 8에 대한 비

③ 9 : 4 　　　　　　　　　　　 ㉢ 5에 대한 8의 비

④ 4 : 9 　　　　　　　　　　　 ㉣ 4의 9에 대한 비

핵심 콕콕　기호 ':'를 사용하여, 두 수나 두 양을 나눗셈으로 비교하는 것을 비라고 해요! 비교하는 양 : 기준량으로 써요!

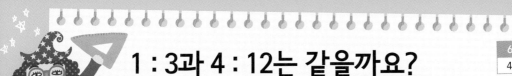
1 : 3과 4 : 12는 같을까요?

 **개념 익히기**

1 : 3과 4 : 12를 비교해 보아요

채소 : 고기 = 1 : 3
→ 채소는 고기의 $\frac{1}{3}$ 배

채소 : 고기 = 4 : 12
→ 채소는 고기의 $\frac{4}{12}$ 배 = $\frac{1}{3}$ 배

고기를 기준으로 채소를 비교했을 때 숫자로는 큰 차이가 있어 보였지만, 두 비 모두 채소는 고기의 $\frac{1}{3}$ 배예요. 아이는 같은 양의 비율로 채소와 고기를 먹는 것이죠.

이때 $\frac{1}{3}$ 을 비의 값이나 비율이라고 해요. 비율은 비를 분수와 소수로 나타내는 것이에요. 정리해 보면 기호 ':'의 왼쪽에 있는 비교하는 양 채소와, 오른쪽에 있는 기준량 고기를 나눠 분수와 소수로 나타낸 것이지요. 비교하는 양을 기준량으로 나눈 값을 비의 값 또는 비율이라고 해요.

$$(비율)=(비교하는 양)\div(기준량)=\frac{(비교하는 양)}{(기준량)}$$

소금과 물의 비가 2 : 5, 2 : 7인 소금물 중 어느 소금물이 더 농도가 진할까요?

소금과 물의 비가 '2 : 5'라는 것은 소금의 양이 '2'일 때, 물의 양은 '5'라는 것이에요. 마찬가지로 소금과 물의 비가 '2 : 7'이라는 것은 소금의 양이 '2'일 때, 물의 양은 '7'이라는 것이죠. 소금의 양이 '2'로 같을 때, 물의 양이 더 적은 것이 진하기 때문에 소금과 물의 비가 '2 : 5'인 것이 더 진해요.

비율로 알아볼까요? 비율은 기준량을 '1'이라고 볼 때, 비교하는 양이 얼마큼을 차지하는지 알려 주는 값이에요. 즉, 비율을 통해 기준이 되는 물의 양을 '1'로 같게 만들어 주어서, 비교 대상인 소금의 양이 얼마큼을 차지하는지 알 수 있어요. 소금과 물의 비가 '2 : 5'일 때의 비율은 $\frac{2}{5}$, 소금과 물의 비가 '2 : 7'일 때의 비율은 $\frac{2}{7}$ 예요. 즉, 기준이 되는 물이 '1'일 때, 소금의 양은 $\frac{2}{5}$, $\frac{2}{7}$ 만큼이라는 것이죠. 물의 양이 같을 때, 소금의 양이 더 많은 것이 진하기 때문에 물에 대한 소금의 비율이 $\frac{2}{5}$ 인 것이 더 진한 소금물이에요. 비와 비율에서는 기준량과 비교하는 양을 정확하게 알면 더 쉽게 문제를 해결할 수 있어요.

개념 다지기

- 세 직사각형을 보고 다음 질문에 올바른 답을 쓰세요.

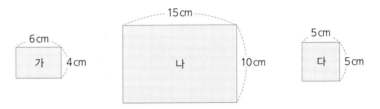

(1) 세 직사각형의 세로에 대한 가로의 비를 써 넣으세요.

가	나	다

(2) 세 직사각형의 비를 이용해 비율을 구하세요.

	가	나	다
비율			

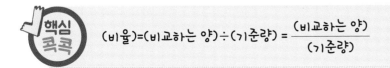

핵심 콕콕 (비율)=(비교하는 양)÷(기준량) = $\frac{(비교하는 양)}{(기준량)}$

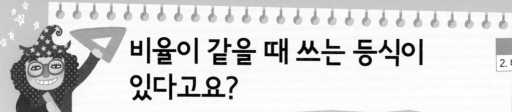
비율이 같을 때 쓰는 등식이 있다고요?

비례식이 무엇일까요?

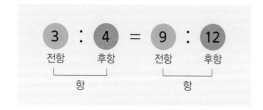

두 비가 같은 비율일 때 등호를 표시해서 나타낼 수 있어요. 이렇게 비율이 같은 두 비를 등식으로 나타낸 식을 비례식이라고 해요. 비에서 두 수는 각각 항이라고 하고, 비의 기호 ':'를 기준으로 앞에 있는 수는 전항, 뒤에 있는 수는 후항이라고 부릅니다.

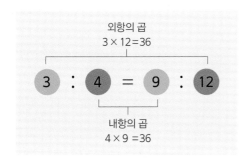

또한, 3 : 4 = 9 : 12의 비례식에서 바깥쪽에 있는 두 항은 외항, 안쪽에 있는 두 항은 내항이라고 불러요. 이때 3 : 4의 전항과 후항에 3을 곱하면 9 : 12의 비가 됩니다. 이렇게 비의 전항과 후항에 0이 아닌 같은 수를 곱하거나 나누면 비의 크기가 변하지 않아요.

비례식은 외항의 곱과 내항의 곱이 같아요

3 : 4 = 9 : 12의 비례식에서, 외항 3과 12를 곱하면 36이에요. 내항 4와 9를 곱해도 36이 되지요. 이처럼 비례식에서 외항의 곱과 내항의 곱은 같답니다.

개념 플러스

비례식을 이용해서 문제를 해결해 보아요

소금 12kg을 얻기 위해 필요한 바닷물의 양을 알아볼까요? 소금 20kg(소금①)을 얻으려면 바닷물 500L(바닷물①)가 필요하다는 것은 알고 있어요. 소금 12kg(소금②)을 얻기 위해서 필요한 바닷물의 양을 ▢L(바닷물②)라고 하고 비례식을 세워 보면 다음과 같아요.

첫 번째 방법

소금① : 소금② = 바닷물① : 바닷물②

$20 : 12 = 500 : \boxed{}$

$\underset{20 \times \boxed{} \to 외항의 곱}{}$

$20 : 12 = 500 : \boxed{}$

$\underset{12 \times 500 \to 내항의 곱}{}$

$20 \times \boxed{} = 12 \times 500$

$20 \times \boxed{} = 6000$

$\boxed{} = 300$

두 번째 방법

소금① : 바닷물① = 소금② : 바닷물②

$20 : 500 = 12 : \boxed{}$

$\underset{20 \times \boxed{} \to 외항의 곱}{}$

$20 : 500 = 12 : \boxed{}$

$\underset{500 \times 12 \to 내항의 곱}{}$

$20 \times \boxed{} = 500 \times 12$

$20 \times \boxed{} = 6000$

$\boxed{} = 300$

비례식에서 외항의 곱과 내항의 곱은 같으므로 소금 12kg을 얻기 위한 바닷물의 양은 300L라는 것을 알 수 있어요.

개념 다지기

● 나뭇가지를 이용해 피라미드의 높이를 재려고 해요. 비례식을 이용하여 피라미드의 높이를 구해 보세요.

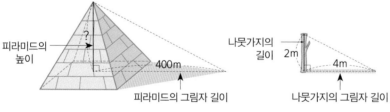

피라미드의 높이 ? / 400m / 피라미드의 그림자 길이 / 나뭇가지의 길이 2m / 4m / 나뭇가지의 그림자 길이

비례식은 외항의 곱과 내항의 곱이 같다!

비만큼 나눌 수 있어요?

비례배분이 무엇일까요?

15000원을 3 : 2로 나누어야 해요. 이런 상황을 비례배분이라고 한답니다. 전체를 주어진 비로 배분하는 것이죠. 어떻게 하면 주어진 비만큼 비례배분을 할 수 있을까요?

예상과 확인하기 방법을 이용하여 표를 그려서 비례배분의 값을 구하거나, 비의 성질을 이용하여 비를 분수로 바꾼 식을 계산해서 비례배분의 값을 구할 수 있어요.

예상과 확인하기 방법으로 비례배분(표 활용)

전체 케이크값	형	동생	형 : 동생	비
15000	5000	10000	5000 : 10000	1 : 2
15000	6000	9000	6000 : 9000	2 : 3
15000	7000	8000	7000 : 8000	7 : 8
15000	8000	7000	8000 : 7000	8 : 7
15000	9000	6000	9000 : 6000	3 : 2
15000	10000	5000	10000 : 5000	2 : 1

케이크값이 15000원이라면, 형이 10000원을 내고 동생이 5000원을 낼 수도 있고, 그 반대가 될 수도 있어요. 어찌 됐든 모두 합하여 15000원이면 되지요.

위 표는 형과 동생이 내야 할 돈과 비를 예상하여 표로 나타낸 것이에요. 15000원과 3 : 2의 비를 모두 만족하는 값은 형은 9000원, 동생은 6000원이라는 것을 알았어요. 그런데 표를 이용하지 않고 해결하는 방법은 없을까요?

비를 분수로 바꾼 식을 이용한 비례배분

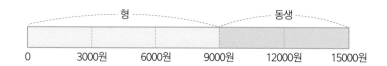

형과 동생이 3 : 2로 나누게 된다면 전체(15000원)를 5등분(3 + 2)한 것 중에 형은 3만큼 내고, 동생은 2만큼 낸다는 것을 말해요. 이것을 분수로 나타내면 형은 $\frac{3}{5}$ 만큼, 동생은 $\frac{2}{5}$ 만큼이 되지요. 이렇듯 비례배분을 할 때에는 주어진 비의 전항(3)과 후항(2)의 합을 분모로 하는 분수의 비로 고치면 쉽게 계산할 수 있어요.

$$\text{형} \implies 15000(\text{원}) \times \frac{3}{5} = \frac{\overset{3000}{\cancel{15000}} \times 3}{\underset{1}{\cancel{5}}} = 3000 \times 3 = 9000\text{원}$$

$$\text{동생} \implies 15000(\text{원}) \times \frac{2}{5} = \frac{\overset{3000}{\cancel{15000}} \times 2}{\underset{1}{\cancel{5}}} = 3000 \times 2 = 6000\text{원}$$

그림으로 나타낸 비례배분 계산

전체 양 ○를 가 : 나 = △ : □로 비례배분할 때, 식을 만드는 방법을 그림으로 나태내 보았어요.

$$가 \Rightarrow ○ \times \frac{△}{(△+□)} \qquad 나 \Rightarrow ○ \times \frac{□}{(△+□)}$$

● 초콜릿 24개를 나와 친구가 5 : 3으로 나누어 가졌어요. 초콜릿 1개의 무게가 15g일 때, 내가 가진 초콜릿과 친구가 가진 초콜릿의 무게는 각각 몇g일까요?

●● 공책 30권을 나와 동생이 3 : 2로 나누어 가지려고 합니다. 각각 몇 권씩 가지게 될까요?

 비례배분을 할 때는 주어진 비의 전항과 후항의 합을 분모로 하는 분수의 비로 고쳐서 계산!

50% 할인+40% 할인은 90% 할인 아닌가요?

백분율은 무엇일까요?

> 백분율(%)=비율 × 100

   '피자 50% 할인 쿠폰'에 있는 '50%'라는 표시는 전체에 대한 비율을 말하는 것이에요. 이것을 백분율이라고 하는데 기준량을 100으로 두었기 때문에 붙여진 이름이에요. 백분율은 기호 '%'를 써서 나타내고 '퍼센트'라고 읽어요.

50%의 의미

%는 '100에 대한'이라는 의미예요. 그러므로 50%는 100에 대한 50이라는 의미가 있는 것이지요.

50% 할인+40% 할인의 계산

50% 할인

50% 할인은 원래의 가격을 100이라고 놓고, 그 가격에서 50만큼을 깎아 준다는 뜻이에요. 이것을 비로 나타내면 50 : 100이고, 분수로 나타내면 $\frac{50}{100}$이지요. 따라서 피자를 50% 할인한 금액은 원래 가격 10000원에 비율 $\frac{50}{100}$을 곱한 값이랍니다.

$$10000 \times 50\% = 10000 \times \frac{50}{100} = 5000 \longrightarrow \text{할인받은 금액}$$

$$10000 - 5000 = 5000 \longrightarrow \text{피자 50\% 할인 가격}$$

50% 할인을 받은 피자 가격은 원래 가격 10000원에서 5000원이 할인된 5000원이에요. 즉, 50% 할인이라면 10000원짜리 피자를 5000원에 사 먹을 수 있어요.

50% 할인+40% 할인

50% 할인 + 40% 할인은 50% 할인한 가격인 5000원에서 40%를 더 할인해 준다는 것이에요. 이제 5000원이 100이 되고, 그 가격에서 40만큼 더 깎아 준다는 뜻이 됩니다. 이것을 비로 나타내면 40 : 100이고, 분수로 나타내면 $\frac{40}{100}$이에요. 따라서 추가로 할인받을 수 있는 금액은 50% 할인 가격 5000원에 비율 $\frac{40}{100}$을 곱한 값이랍니다.

$$5000 \times 40\% = 5000 \times \frac{40}{100} = 2000 \longrightarrow \text{추가로 할인받을 수 있는 금액}$$

$$5000 - 2000 = 3000 \longrightarrow \text{50\% 할인 가격에서 40\% 추가 할인받은 가격}$$

두 번째로 할인받은 금액은 50% 할인 가격인 5000원에서 추가로 40% 할인한 금액인 2000원이에요. 총 7000원을 할인받은 셈이죠. 즉, 10000원의 50% 할인 +40% 할인은 전체의 70%를 할인받는 것과 같아요.

40% 할인+10% 할인 VS 50% 할인

40% 할인+10% 할인

$$10000 \times \frac{40}{100} = 4000원$$

$$6000 \times \frac{10}{100} = 600원$$

50% 할인

$$10000 \times \frac{50}{100} = 5000원$$

$$10000 - 4000 = 6000원$$

$$6000 - 600 = 5400원$$

$$10000 - 5000 = 5000원$$

* 할인 전 가격=10000원

40% 할인에 추가로 10%를 더 할인할 경우, 처음에는 100%에서 40%를 할인해 주므로 60%가 남고, 남은 60% 중에서 10%를 또 할인해 주는 것이므로 할인율은 46%라고 볼 수 있어요. 따라서 50% 할인이 더 많이 할인해 주는 것이랍니다.

● 갖고 싶었던 장난감이 세일을 한다고 합니다. 정가 50000원인 이 장난감은 어느 가게에서 사는 게 더 쌀까요?

- A가게-파격 70% 할인!

- B가게-50% 할인에 또 30% 할인!

 추가 할인은 100%에서 할인하는 것이 아니라 남은 금액에서 할인하는 것!

숫자가 늘어나면 정비례,
줄어들면 반비례인가요?

나이를 1살씩 먹는 것이 정비례?

	+1	+1	+1	+1	+1	
고모 나이	45	46	47	48	49	50	⋯
승우 나이	10	11	12	13	14	15	⋯
	+1	+1	+1	+1	+1	

고모의 나이가 1살 늘어날 때마다 승우의 나이도 1살 늘어납니다. 이렇게 수가 함께 늘어나면 무조건 정비례라고 생각하는 경우가 있는데 이것은 잘못된 것이랍니다. 정비례는 그런 관계를 뜻하는 말이 아니기 때문이에요.

129

정비례한다는 건 뭘까요?

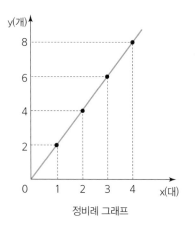

자전거 수 x(대)	1	2	3	4	⋯
바퀴 수 y(개)	2	4	6	8	⋯

정비례 그래프

자전거 수와 바퀴 수처럼 x가 2배, 3배, 4배⋯로 늘어남에 따라 y도 2배, 3배, 4배⋯로 늘어나는 관계이면 x와 y는 정비례한다고 해요.

반비례한다는 건 뭘까요?

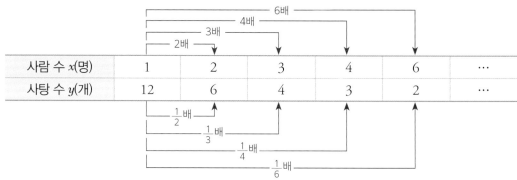

사람 수 x(명)	1	2	3	4	6	⋯
사탕 수 y(개)	12	6	4	3	2	⋯

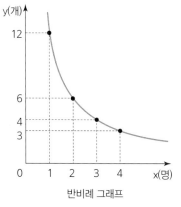

반비례 그래프

사람 수와 사탕 수처럼 x가 2배, 3배, 4배, 6배⋯로 늘어나는 데 반해, y는 $\frac{1}{2}$배, $\frac{1}{3}$배, $\frac{1}{4}$배, $\frac{1}{6}$배⋯로 줄어드는 관계이면 x와 y는 반비례한다고 해요.

또 다른 정비례, 반비례 관계

두 양 x, y를 어떤 값으로 정하느냐에 따라 정비례가 될 수도 있고, 반비례가 될 수도 있어요. 예를 들어, 한 개에 100원인 귤은 많이 살수록 귤값이 늘어나기 때문에 정비례 관계예요. 식으로는 '귤값 = 귤 1개의 값 × 귤 개수'라고 나타낼 수 있지요. 또한, 귤 한 상자를 놓고 사람 수에 따라 나눠 먹는다면, 사람 수가 많아질수록 한 사람이 먹는 귤 개수가 줄어들기 때문에 반비례 관계예요. 식으로는 '한 사람이 먹는 귤의 양 = 귤 한 상자 ÷ 사람 수'라고 나타낼 수 있답니다.

- 다음 활동 중 x와 y 사이의 관계가 정비례한지 반비례한지 알아보고 그 대응 관계를 표로 나타내어 보세요.

  (1) 하루에 8시간씩 일을 할 때 x일 동안 일한 y시간
  (2) 석탄 360kg을 1시간에 1kg 채집하는 기계 x대로 캘 때 필요한 y시간

x가 2배, 3배로 변할 때 y도 2배, 3배로 변하면 정비례!

x가 2배, 3배로 변할 때 y도 $\frac{1}{2}$배, $\frac{1}{3}$배로 변하면 반비례!

단위

평면도형

5
측정

입체도형

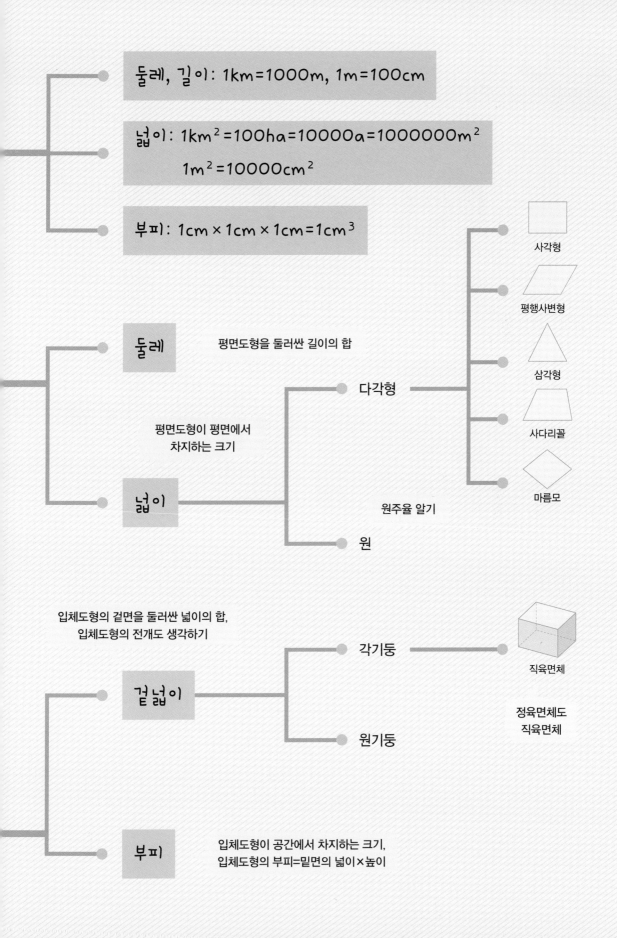

둘레, 길이: 1km=1000m, 1m=100cm

넓이: 1km²=100ha=10000a=1000000m²
　　　1m²=10000cm²

부피: 1cm × 1cm × 1cm=1cm³

둘레　　　평면도형을 둘러싼 길이의 합

평면도형이 평면에서
차지하는 크기

넓이

다각형

사각형

평행사변형

삼각형

사다리꼴

마름모

원주율 알기

원

입체도형의 겉면을 둘러싼 넓이의 합,
입체도형의 전개도 생각하기

각기둥

직육면체

겉넓이

정육면체도
직육면체

원기둥

부피　　　입체도형이 공간에서 차지하는 크기,
　　　　　입체도형의 부피=밑면의 넓이×높이

둘레와 넓이는 왜 다른 단위를 사용하나요?

둘레와 넓이의 단위

정사각형의 둘레: $1cm + 1cm + 1cm + 1cm = 4cm$

정사각형의 넓이: $1cm \times 1cm = 1cm^2$

　둘레(　)는 도형을 둘러싸고 있는 길이의 합이기에 길이 단위인 'cm'를 사용해서 나타내요. 반면, 넓이는 도형의 면적(　)을 나타내기에 면적의 단위인 'cm²'를 사용해요.

💡 1cm는 1센티미터라고 읽고, 1cm²는 1제곱센티미터라고 읽어요.

책상의 길이는 cm

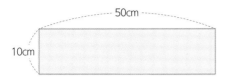

- 정사각형의 둘레

한 변의 길이＋한 변의 길이＋

한 변의 길이＋한 변의 길이

- 정사각형의 넓이

한 변의 길이 × 한 변의 길이

책상의 크기를 잴 때는 길이의 단위인 cm를 사용해서 나타내야 해요. 그러므로 책상의 길이는 가로 50cm, 세로 10cm로 써야 합니다.

- 직사각형의 둘레

가로＋세로＋가로＋세로

- 직사각형의 넓이

가로 × 세로

둘레, 넓이 언제 사용하나요?

화단 주위를 돌멩이로 두르고 화단 안쪽은 꽃으로 채우고 싶어요. 화단 주위를 두르는 돌멩이의 개수를 구하기 위해서는 화단의 둘레를 알아야 하고, 화단 안을 채우는 꽃의 개수를 알기 위해서는 화단의 넓이를 알아야 해요.

화단 주위에 돌멩이를 몇 개 두를 수 있을까요?

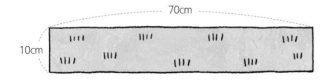

- 돌멩이 하나의 길이 → 10cm
- 화단의 둘레 → 70cm + 10cm + 70cm + 10cm = 160cm
- 화단을 모두 두르기 위해 필요한 돌멩이 개수

   → 160cm ÷ 10cm = 16 → 16개

➡ 도형을 둘러싸고 있는 길이와 관련된 문제는 둘레를 이용해요.

화단 안을 채우기 위해 필요한 꽃은 몇 개일까요?

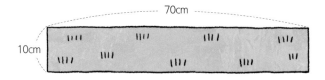

- 꽃 하나를 심기 위해 필요한 면적 → $10cm \times 5cm = 50cm^2$

- 화단의 넓이 → $70cm \times 10cm = 700cm^2$

- 화단을 모두 채우기 위해 필요한 꽃의 개수

  → $700cm^2 \div 50cm^2 = 14$ → 14개

➡ 도형을 차지하고 있는 면적과 관련된 문제는 넓이를 이용해요.

● 도형의 둘레와 넓이를 구해 보세요.

둘레는 도형을 둘러싸고 있는 길이의 합이기에 길이의 단위인 cm를 사용!
넓이는 도형의 면적이기에 면적의 단위인 cm^2를 사용!

둘레의 길이가 길면 더 넓은 것 아닌가요?

둘레가 길다고 넓이도 넓을까요?

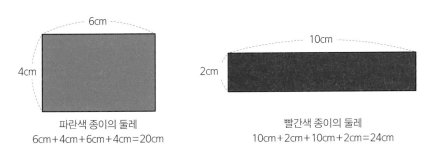

파란색 종이의 둘레
6cm+4cm+6cm+4cm=20cm

빨간색 종이의 둘레
10cm+2cm+10cm+2cm=24cm

길이의 개념인 둘레와 면적의 개념인 넓이는 서로 비교할 수 없어요. 그러므로 둘레의 길이가 길다고 해서, 넓이가 더 넓다고 말할 수는 없어요. 종이를 찢어서 더 넓은 면적을 붙이기 위해서는 면적이 더 넓은 종이를 선택해야 하는 것이죠. 그러므로 둘레의 길이를 구할 게 아니라, 종이의 넓이를 구해서 더 넓은 종이를 선택해야 해요. 그럼 넓이를 구해서 어떤 종이가 더 큰지 알아볼까요?

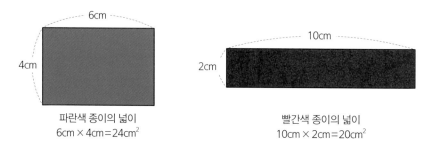

파란색 종이의 넓이
$6cm \times 4cm = 24cm^2$

빨간색 종이의 넓이
$10cm \times 2cm = 20cm^2$

파란색 종이의 넓이는 $24cm^2$, 빨간색 종이의 넓이는 $20cm^2$이므로 파란색 종이가 더 넓다는 걸 알 수 있어요. 파란색 종이를 선택해야 더 넓은 면적을 찢어 붙일 수 있어요.

개념 플러스

빨간색 종이의 둘레와 파란색 종이의 넓이는 같다?

빨간색 종이의 둘레 = 20cm, 빨간색 종이의 넓이 = $24cm^2$
파란색 종이의 둘레 = 24cm, 파란색 종이의 넓이 = $20cm^2$

빨간색 종이의 둘레는 20cm, 파란색 종이의 넓이는 $20cm^2$예요. 둘 다 '20'이니까 같다고 할 수 있을까요?

'둘레와 넓이가 같다.'거나, '둘레가 넓이보다 더 크다.'거나, '넓이가 둘레보다 더 크다.'라고는 말할 수 없어요. 왜냐하면 둘레와 넓이는 서로 다른 단위라서 비교 자체가 되지 않기 때문이에요. 마찬가지로 빨간색 종이의 넓이와 파란색 종이의 둘레가 '24'라는 같은 값으로 계산되었어도 둘레는 24cm, 넓이는 $24cm^2$로 서로 다른 단위를 사용하기 때문에 같다고 할 수 없어요.

둘레와 넓이는 달라서 비교할 수 없어요

둘레는 도형을 둘러싸고 있는 길이들의 합이며, 넓이는 도형을 채우고 있는 면적을 나타내는 것이에요. 이렇게 둘레와 넓이는 서로 다른 개념이며, 사용하는 단위도 달라요. 그렇기 때문에 둘레와 넓이는 비교할 수 없고, 당연히 둘레 길이의 합이 더 길어도 넓이가 더 넓다고는 말할 수 없어요. 둘레는 둘레끼리, 넓이는 넓이끼리 비교해야 한답니다.

● 다음 도형의 둘레 길이를 구해 보세요.

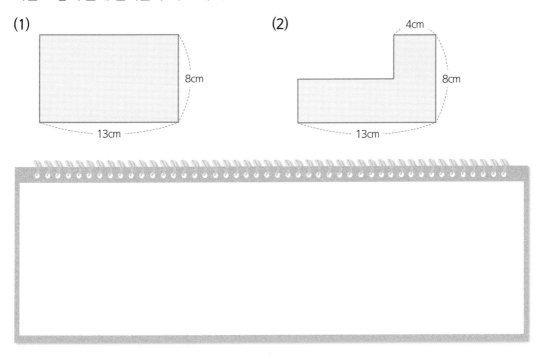

(1)

8cm

13cm

(2)

4cm

8cm

13cm

핵심
콕콕

둘레는 길이이고, 넓이는 면적이기에 둘레와 넓이는 비교할 수 없다!

1m²=100cm² 아닌가요?

개념 익히기

m²와 cm²를 알아보아요

길이의 단위 1m는 100cm예요. 1m는 1cm가 100개 있는 것과 같아요. 넓이의 단위인 1m²는 한 변의 길이가 1m인 성사각형의 넓이로 1m²의 정사각형 안에는 1cm²인 정사각형이 10000개(100 × 100) 있는 것과 같아요.

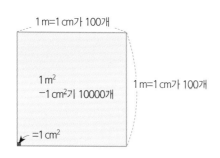

$$1m^2 = 1m \times 1m = 100cm \times 100cm = 10000cm^2$$

즉, 1m²는 100cm²가 아니라 10000cm²예요. 10000 cm² = 1m²이므로 아빠가 말했던 60000cm²는 6m²이지요. 만화 속 아이는 방의 넓이를 6m²라고 말했어야 딩동댕을 받을 수 있었던 거예요.

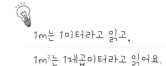

1m는 1미터라고 읽고,
1m²는 1제곱미터라고 읽어요.

1km²는 몇 m²일까요?

길이의 단위 1km = 1000m

넓이의 단위 <u>1km²</u> = 1km × 1km
　　　　　　└→ 한 변이 1km인 정사각형의 넓이

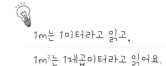

1km는 1킬로미터라고 읽고,
1km²는 1제곱킬로미터라고
읽어요.

$$1km^2 = 1km \times 1km = 1000m \times 1000m = 1000000m^2$$
　　　　└ 1km=1000m ↑

즉, 1km² = 1000000m²

1km²는 몇 cm²일까요?

길이의 단위 1km = 1000m, 1m = 100cm

$$1km = 1000m = 100000cm$$
　　　　└ 1m=100cm ↑

즉, 1km = 100000cm

넓이의 단위 1km² = 1km × 1km

$$1km^2 = 1km \times 1km = 100000cm \times 100000cm = 10000000000cm^2$$
　　　　└ 1km=100000cm ↑

즉, 1km² = 10000000000cm²

또 다른 넓이의 단위 a, ha

a와 ha는 길이의 단위가 아닌 고유의 넓이 단위예요. 1m²를 1km²로 바꾸기 위해서는 1m²가 1000000개나 있어야 해요. m²와 km² 사이의 범위가 너무 커서 실제로 사용하기 불편한 것이지요. 그래서 m²와 km² 사이에 또 다른 넓이의 단위를 만들게 되었어요. 그것이 바로 a와 ha라는 단위예요. 1a=100m², 1ha=100a, 1km²=100ha로 정의했어요.

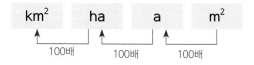

1a는 1아르라고 읽고,
1ha는 1헥타르라고 읽어요.

$$1km^2 = 100ha = 10000a = 1000000m^2$$

km²	ha	a	m²

100배   100배   100배

- 다음 지도를 보고 가장 넓은 도시부터 순서대로 써 보세요.

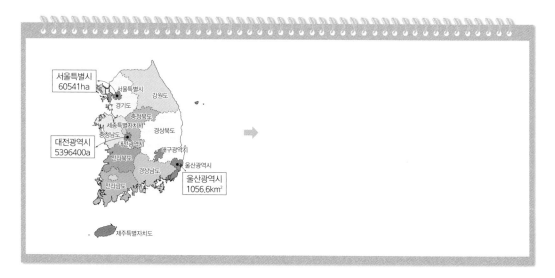

길이 1km=1000m, 1m=100cm!
넓이 1km²=1000000m², 1m²=10000cm²!

도형의 넓이, 어떻게 구하나요?

도형의 넓이를 구하는 방법

단위넓이로 구하기

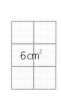

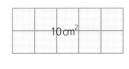

도형의 넓이는 약속된 기본단위, 즉 단위넓이를 이용하여 구할 수 있어요. 한 변이 1cm인 정사각형의 넓이를 $1cm^2$라고 하고 이것을 단위넓이로 사용해요. 단위넓이가 차지하는 칸 수를 세어 보면 도형의 넓이를 구할 수 있어요.

143

가로, 세로의 길이와 단위넓이로 구하기

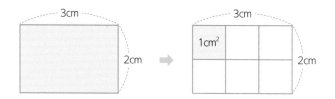

단위넓이를 이용해 가로의 길이가 3cm, 세로의 길이가 2cm인 직사각형의 넓이를 구해 볼까요? 먼저 단위넓이 $1cm^2$가 직사각형 안에 몇 개 들어가는지 알아보아야 해요. 그림을 보면 이 직사각형에 $1cm^2$의 단위넓이가 총 6개 들어간다는 것을 알 수 있어요. 그래서 이 직사각형의 넓이는 $6cm^2$예요.

단위넓이가 몇 개 들어가는지 그림 그리지 않고 구하기

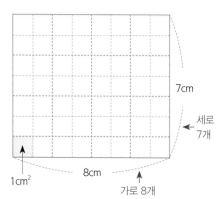

이 직사각형의 가로에는 $1cm^2$의 단위넓이가 8개 들어가요. 8개씩 총 7번 들어가기 때문에 아래와 같이 쓸 수 있어요.

$$8 + 8 + 8 + 8 + 8 + 8 + 8 = 8 \times 7 = 56$$

가로 개수
= 가로 길이

세로 개수
= 세로 길이

> **단위넓이의 총 개수 = 가로에 들어가는 개수 × 세로에 들어가는 개수**

즉, 이 직사각형에는 단위넓이($1cm^2$)가 56개 들어가기 때문에 넓이는 $56cm^2$가 됩니다.

또한, 가로에 들어가는 단위넓이 개수는 가로 길이와 같고, 세로에 들어가는 단위넓이 개수는 세로 길이와 같아요. 그래서 직사각형의 넓이를 구하는 공식은 이렇게 정리할 수 있어요.

> **직사각형의 넓이 = 가로 길이 × 세로 길이**

직사각형의 넓이를 이용해서 구하기

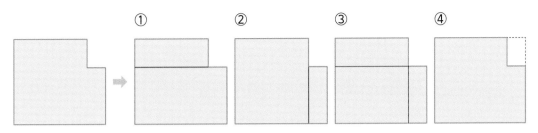

①, ②, ③처럼 도형을 다양하게 나누어서 구할 수도 있고, ④처럼 큰 직사각형에서 작은 직사각형을 빼는 방법으로 구할 수도 있어요.

도형의 넓이를 구하는 다양한 방법

①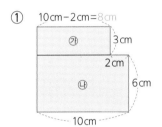

$⑦$ $8cm \times 3cm = 24cm^2$

$④$ $10cm \times 6cm = 60cm^2$

도형의 넓이 = $⑦$ + $④$

= $24cm^2 + 60cm^2 = 84cm^2$

②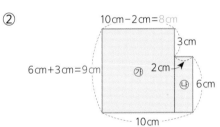

$⑦$ $8cm \times 9cm = 72cm^2$

$④$ $2cm \times 6cm = 12cm^2$

도형의 넓이 = $⑦$ + $④$

= $72cm^2 + 12cm^2 = 84cm^2$

③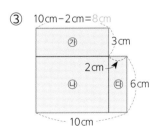

$⑦$ $8cm \times 3cm = 24cm^2$

$④$ $8cm \times 6cm = 48cm^2$

$⑤$ $2cm \times 6cm = 12cm^2$

도형의 넓이 = $⑦$ + $④$ + $⑤$

= $24cm^2 + 48cm^2 + 12cm^2 = 84cm^2$

④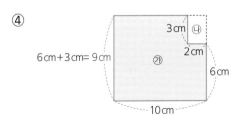

$⑦$ $10cm \times 9cm = 90cm^2$

$④$ $2cm \times 3cm = 6cm^2$

도형의 넓이 = $⑦$ - $④$

= $90cm^2 - 6cm^2 = 84cm^2$

정사각형의 넓이는 어떻게 구할까요?

수많은 직사각형 중, 네 변의 길이가 같은 특정한 직사각형을 정사각형이라고 불러요. 그래서 정사각형의 넓이도 '가로 길이×세로 길이'로 구할 수 있죠. 그런데 정사각형은 가로와 세로 길이가 같기 때문에(네 변의 길이가 모두 같아요.) 가로 길이, 세로 길이라는 말을 사용할 필요가 없어요. 그래서 정사각형의 넓이는 '한 변의 길이×한 변의 길이'로 나타내요. 단순하게 '가로×세로'라고 생각해도 된답니다.

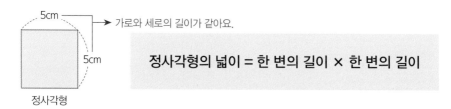

정사각형의 넓이 = 한 변의 길이 × 한 변의 길이

● 아래 도형의 넓이를 구해 보세요.

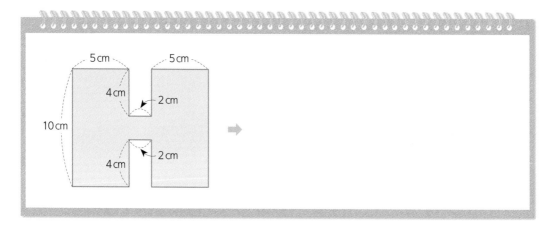

 직각으로 이루어진 도형은 나누거나 합쳐서 직사각형으로 만든 후 넓이를 구하자!

직각이 아닌 도형의 넓이는 어떻게 구하나요?

평행사변형의 넓이

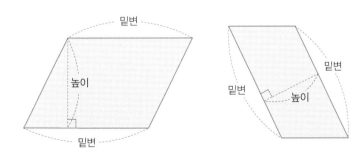

마주 보는 두 쌍의 변이 모두 평행한 사각형을 평행사변형이라고 해요. 평행사변형에서 평행한 두 변을 밑변이라 하고 두 밑변 사이의 거리는 높이라고 해요.

평행사변형을 직사각형으로 만들 수 있다고요?

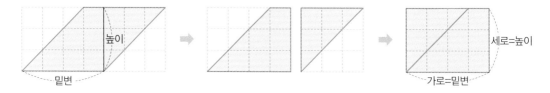

위 그림처럼 평행사변형을 잘라서 다시 붙이면 직사각형이 된다는 것을 알 수 있어요. 만들어진 직사각형의 넓이를 구하면 평행사변형의 넓이를 알 수 있지요. 이때 직사각형의 가로 길이는 평행사변형의 밑변 길이와 같고, 세로 길이는 높이와 같아요.

> **평행사변형의 넓이 = 밑변의 길이 × 높이**

삼각형의 넓이

삼각형에서 한 변을 밑변이라고 하면, 밑변과 마주 보는 꼭짓점에서 밑변에 수직으로 그은 선분은 높이라고 해요.

삼각형을 사각형으로 만들 수 있다고요?

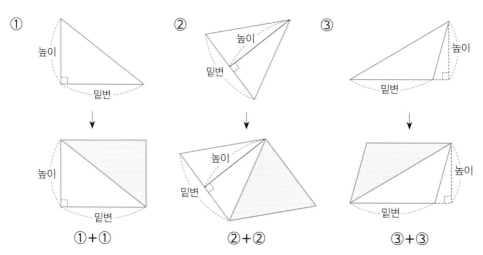

삼각형 2개를 합치면 사각형으로 만들 수 있어요. 이 사각형을 이용하면 삼각형의 넓이를 구할 수 있답니다. ①번 삼각형을 2개 합치면 직사각형이 되고, ②, ③번 삼각형을 2개 합치면 평행사변형이 돼요. 직사각형과 평행사변형의 넓이를 구한 후 2로 나누어 주면 삼각형의 넓이가 되는 것이죠.

삼각형의 넓이 = 밑변의 길이 × 높이 ÷ 2

사다리꼴의 넓이

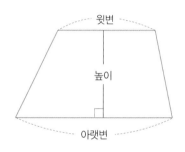

마주 보는 한 쌍의 변이 평행한 사각형을 사다리꼴이라고 해요. 사다리꼴에서는 평행한 두 변을 밑변이라고 하고, 밑변의 위치에 따라 위에 있는 변을 윗변, 아래에 있는 변을 아랫변이라고 해요. 이때, 두 밑변 사이의 거리는 높이가 됩니다.

사다리꼴을 평행사변형으로 만들 수 있다고요?

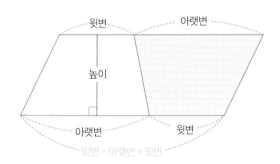

같은 사다리꼴을 뒤집어서 옆에 하나 더 붙이면 평행사변형이 된다는 것을 알 수 있어요. 평행사변형의 넓이를 구하는 공식을 이용해서 구한 값을 2로 나누어 주면 사다리꼴의 넓이를 알 수 있지요.

사다리꼴의 넓이 = 밑변의 길이 × 높이 ÷ 2
         = (아랫변의 길이 + 윗변의 길이) × 높이 ÷ 2

마름모의 넓이

마름모는 두 쌍의 마주 보는 변이 평행하고 네 변의 길이가 같은 사각형이에요. 마름모의 한 꼭짓점에서 마주 보는 다른 꼭짓점까지를 대각선이라고 해요.

마름모를 직사각형으로 만들 수 있다고요?

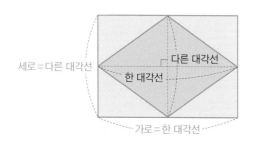

같은 마름모 하나를 한 대각선과 다른 대각선을 따라 자른 후, 원래 있던 마름모 주위에 붙이면 직사각형이 된다는 것을 알 수 있어요. 직사각형을 구하는 공식으로 구한 값을 2로 나누면 마름모의 넓이가 나와요.

> 마름모의 넓이 = 가로 × 세로 ÷ 2
> = 한 대각선 × 다른 대각선 ÷ 2

다양한 도형의 넓이를 구해 볼까요?

평행사변형의 넓이

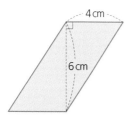

밑변의 길이 × 높이
$= 4\text{cm} \times 6\text{cm} = 24\text{cm}^2$

삼각형의 넓이

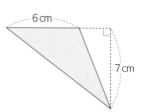

밑변의 길이 × 높이 ÷ 2
$= 6\text{cm} \times 7\text{cm} \div 2 = 21\text{cm}^2$

사다리꼴의 넓이	마름모의 넓이

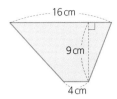

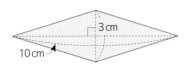

(아랫변의 길이+ 윗변의 길이) × 높이 ÷ 2

= (4cm + 16cm) × 9cm ÷ 2 = 90cm²

한 대각선 × 다른 대각선 ÷ 2

= 10cm × 3cm ÷ 2 = 15cm²

개념 다지기

● 아래 도형의 넓이를 구해 보세요.

(1)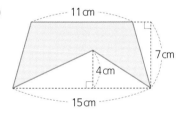

(2)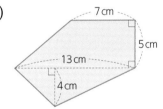

 도형을 자르고 붙여서 사각형으로 만들어 넓이를 구하자!

원의 넓이와 직사각형의 넓이가 같다고요?

개념 익히기

원의 넓이

단위넓이로 구하기

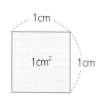

도형의 넓이는 약속된 기본단위, 즉 단위넓이를 이용해 구할 수 있어요. 한 변의 길이가 1cm인 정사각형의 넓이 1cm²를 단위넓이로 해서, 주어진 도형 안에 단위넓이가 몇 개 들어가는지 구하면 넓이를 알 수 있어요.

하지만 원은 단위넓이가 몇 개 들어가는지 정확하게 알 수 없어요. 대략 빨간색 선 안쪽에 들어간 수와 초록색 선 안쪽에 들어간 수 사이로 어림만 할 수 있어요.

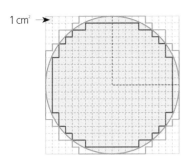

빨간색 선 안쪽에 들어간 개수: 276개
초록색 선 안쪽에 들어간 개수: 344개
원의 넓이 ➡ 276cm²에서 344cm² 사이

직사각형으로 만들어서 구하기

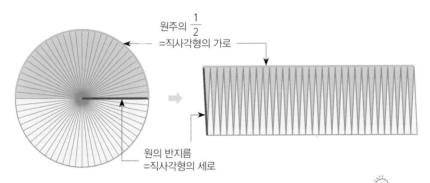

원을 아주 작게 잘라서 다시 붙였더니 직사각형 모양이 돼요. 아하! 그래서 선생님께서 원의 넓이와 직사각형의 넓이가 같다고 하셨나 봐요. 그럼 이 직사각형을 이용해서 원의 넓이를 어떻게 구하는지 알아볼까요?

원주＝지름 × 원주율
지름＝반지름 × 2

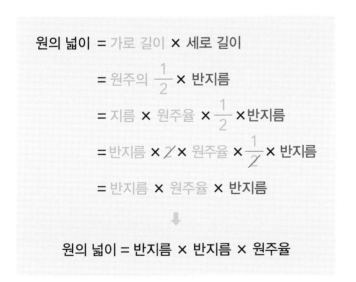

원의 넓이 ＝ 가로 길이 × 세로 길이

$\quad\quad\quad\quad$ ＝ 원주의 $\frac{1}{2}$ × 반지름

$\quad\quad\quad\quad$ ＝ 지름 × 원주율 × $\frac{1}{2}$ × 반지름

$\quad\quad\quad\quad$ ＝ 반지름 × 2 × 원주율 × $\frac{1}{2}$ × 반지름

$\quad\quad\quad\quad$ ＝ 반지름 × 원주율 × 반지름

원의 넓이 ＝ 반지름 × 반지름 × 원주율

원을 알아보아요

원주＝원의 둘레

원을 둘러싸고 있는 선을 원의 둘레 즉, 원주라고 해요. 점 ㅇ은 원의 중심이라 하고, 점 ㅇ을 지나는 선분 ㄱㄴ은 지름, 지름의 절반인 선분 ㅇㄴ은 반지름이라고 해요.

원주는 어떻게 구할까요?

원주는 원의 둘레, 즉 원의 외곽선 길이예요. 원주는 줄자를 이용해서 잴 수도 있고, 원을 굴려 본 후 굴린 자국을 통해 잴 수도 있어요. 아래 그림처럼 끈으로 원의 둘레를 잰 후, 펼쳐서 길이를 잴 수도 있지요.

지름과 원주의 관계

지름	원주	원주 ÷ 지름	
		계산값	소수 둘째 자리까지
1cm	3.14	3.14	3.14
2cm	6.28	3.14	3.14
3cm	9.43	3.143333…	3.14
4cm	12.57	3.1425	3.14

위의 표처럼 소수 둘째 자리까지만 원주를 구하고, 원주÷지름의 값도 소수 둘째 자리까지만 구해 보면 원주÷지름의 계산이 일정한 값을 가지고 있다는 것을 알 수 있어요.

하지만 원주÷지름을 3.14라고 정의 내릴 수는 없어요. 원주를 측정할 때 소수 둘째 자리 아래까지 세밀하게 측정하기 어려워서, 어떻게 측정하느냐에 따라 원주÷지름의 값이 조금씩 달라질 수 있기 때문이에요. 즉, 원주÷지름은 일정한 값을 가지는데, 원주의 측정값 오차로 인해 계산 결과가 조금씩 달라지는 거랍니다.

원주÷지름을 소수 둘째 자리까지 구하면 일정한 값을 가지지만 정확한 값은 모르기에 사람들은 원주÷지름의 일정값을 원주율이라고 부르기로 약속했어요.

정확한 원주율을 구하기 위한 노력

아메스가 구한 원주율

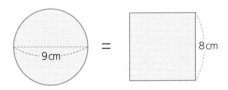

지름이 9cm인 원의 넓이 = 한 변이 8cm인 정사각형의 넓이

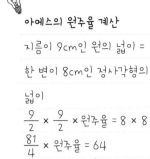

아메스의 원주율 계산

지름이 9cm인 원의 넓이 =

한 변이 8cm인 정사각형의

넓이

$\frac{9}{2} \times \frac{9}{2} \times$ 원주율 $= 8 \times 8$

$\frac{81}{4} \times$ 원주율 $= 64$

원주율 $= 64 \div \frac{81}{4} = 64 \times \frac{4}{81}$

원주율 $= \frac{256}{81}$

고대 이집트에서부터 현재까지 원주율과 원의 넓이에 대한 다양한 연구가 이루어졌어요. 원주율과 원의 넓이를 최초로 기록한 것은 고대 이집트의 수학자 아메스예요. 아메스는 '지름 9cm인 원의 넓이는 한 변이 8cm인 정사각형의 넓이와 같다.'고 했어요. 우리가 많이 쓰고 있는 원의 넓이 공식인 '원의 넓이 = 반지름 × 반지름 × 원주율'로 계산하면 아메스는 원주율을 $\frac{256}{81}$(약 3.16049)으로 계산한 거예요.

아르키메데스가 구한 원주율

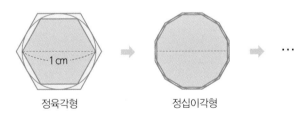

정육각형   정십이각형

고대의 수학자 아르키메데스는 원주율을 구하기 위해 정다각형을 이용했어요. 지름이 1cm인 원의 둘레(원주)가 원주율과 같다는 점을 이용하여 원주율을 구하기 위해 노력했지요. 위 그림처럼 작은 정육각형은 원의 안쪽과 맞닿아 있고, 큰 정육각형은 원의 바깥쪽과 맞닿아 있어요. 즉, 정육각형의 둘레를 이용해 생각해 보면 지름 1cm인 원의 둘레, 즉 원주율은 작은 정육각형의 둘레보다 크고, 큰 정육각형의 둘레보다 작은 것이죠.

'원주 = 지름 × 원주율'이에요. 지름이 1cm인 원의 둘레는 '원주 = 1 × 원주율'로 구하지요. 즉, 지름이 1cm인 원의 둘레(원주)는 원주율과 같다는 것을 알 수 있어요.

155

작은 정육각형의 둘레 〈 지름 1cm인 원의 둘레(원주)=원주율 〈 큰 정육각형의 둘레

이때 정육각형, 정십이각형 등 정n각형에서 n값이 커질수록 지름이 1cm인 원의 둘레와 가까워져요. 아르키메데스는 정구십육각형일 때 원과 가장 가까워진다는 것을 발견하고, 정구십육각형을 이용해 원주율을 계산했어요. 원의 안쪽과 닿은 작은 정구십육각형의 둘레는 $\frac{223}{71}$이고, 원의 바깥쪽과 닿은 큰 정구십육각형의 둘레는 $\frac{22}{7}$예요. 그러므로 지름 1cm인 원의 둘레인 원주율은 $\frac{223}{71}$보다 크고, $\frac{22}{7}$보다는 작아요. $\frac{223}{71}$은 약 3.14084이고 $\frac{22}{7}$는 약 3.14285예요.

아르키메데스가 구한 원주율=$\frac{223}{71}$(약 3.14084) 〈 원주율 〈 $\frac{22}{7}$(약 3.14285)

아직도 정확하게 구하지 못한 원주율

이후에도 정확한 원주율을 구하기 위해 많은 사람들이 노력했어요. 18세기의 수학자 오일러는 원주율이 소수점 아래의 숫자가 비규칙적으로 무한히 계산되는 초월수라고 생각하고, 둘레를 뜻하는 그리스어의 첫 자 π(파이)를 따 원주율 기호로 사용하기 시작했어요.

컴퓨터가 발달한 지금도 원주율을 정확하게 계산할 수 없어서 원주율의 근삿값으로 원주와 원의 넓이를 계산한답니다.

끝없이 이어지는 원주율

3.14159265358979323846
26433832795028841971693993751058209749445
92307816406286208998
62803482534211706798214808……

원주율을 이용한 원주의 계산

원주율은 원주÷지름의 값이에요. 이것을 이용하여 원주를 어떻게 계산할 수 있는지 알아볼까요?

$$원주율 = 원주 \div 지름 = \frac{원주}{지름}$$

$$원주율 \times 지름 = \frac{원주}{지름} \times 지름$$

$$원주 = 원주율 \times 지름 = 원주율 \times 반지름 \times 2$$

$$\downarrow$$

$$원주 = 지름 \times 원주율 = 반지름 \times 2 \times 원주율$$

원주율을 이용하여 원주와 원의 넓이를 구해 볼까요?(원주율: 3.14)

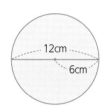

$$원주 = 지름 \times 원주율$$
$$= 12cm \times 3.14$$
$$= 37.68cm$$

$$원의 넓이 = 반지름 \times 반지름 \times 원주율$$
$$= 6cm \times 6cm \times 3.14$$
$$= 113.04cm^2$$

• 빗금친 부분의 넓이를 구해 보세요.(원주율: 3)

 단위넓이로 측정할 수 없는 원은 직사각형의 넓이를 이용해서 계산!
원의 넓이 = 반지름 × 반지름 × 원주율

겉넓이를 구하는데 왜 전개도를 알아야 하죠?

이 선물 상자의 겉넓이를 맞추면 안에 있는 선물을 줄게!

선생님은 말씀하셨지, 원기둥의 겉넓이를 구하려면 전개도를 먼저 생각해 보라고!

상자를 잘라서 전개도로 만들겠어.

전개도를 그려서 생각해도 돼!

개념 익히기

겉넓이를 쉽게 구하려면 어떻게 해야 할까요?

겉넓이는 입체도형을 둘러싸고 있는 겉면의 넓이예요. 겉면을 둘러싼 모든 도형의 넓이를 더한 값이라고 할 수 있지요. 그렇기 때문에 입체도형의 겉면에 어떤 도형들이 어떻게 둘러싸고 있는지를 알아야 겉넓이를 구할 수 있어요.

전개도는 입체도형을 잘라서 펼친 것이기 때문에 이것을 이용하면 겉넓이를 쉽게 구할 수 있답니다. 원기둥의 전개도는 원 모양인 두 밑면과 직사각형인 옆면으로 이루어져 있고, 직육면체의 전개도는 6개의 직사각형으로 이루어져 있어요.

원기둥의 겉넓이는 어떻게 구할까요?

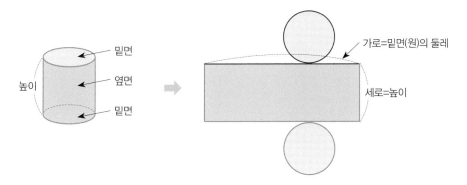

원기둥은 원 모양 밑면 2개와 직사각형 옆면 1개로 이루어져 있어요. 이것을 통해 원기둥의 겉넓이는 밑면(원) 2개와 옆면(직사각형) 1개의 넓이를 합하면 구할 수 있다는 걸 알 수 있어요.

> 한 밑면의 넓이 = 원의 넓이 = 반지름 × 반지름 × 원주율
>
> 옆면의 넓이 = 직사각형의 넓이 = 밑면의 둘레 × 원기둥의 높이
>
> ⬇
>
> 원기둥의 겉넓이 = 한 밑면의 넓이 × 2 + 옆면의 넓이

원기둥의 겉넓이를 구해 볼까요?(원주율: 3)

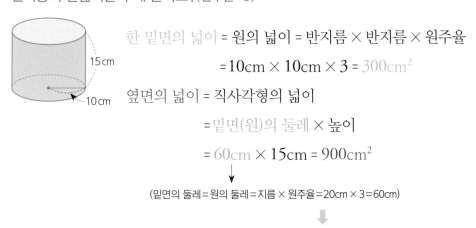

한 밑면의 넓이 = 원의 넓이 = 반지름 × 반지름 × 원주율

$$= 10cm \times 10cm \times 3 = 300cm^2$$

옆면의 넓이 = 직사각형의 넓이

$$= 밑면(원)의 둘레 \times 높이$$

$$= 60cm \times 15cm = 900cm^2$$

⬇

(밑면의 둘레=원의 둘레=지름 × 원주율=20cm × 3=60cm)

⬇

원기둥의 겉넓이 = 한 밑면의 넓이 × 2 + 옆면의 넓이

$$= 300cm^2 \times 2 + 900cm^2 = 1500cm^2 = 0.15m^2$$

$1m^2 = 10000cm^2$

직육면체의 겉넓이는 어떻게 구할까요?

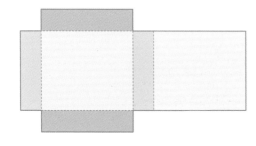

직육면체는 직사각형 6개로 이루어져 있어요. 세 쌍의 직사각형은 서로 합동이지요. 그렇기 때문에 6개 직사각형의 넓이를 모두 구해서 더하는 것보다, 각각 다른 3개의 직사각형의 넓이를 구한 후 2를 곱하면 더 쉽게 계산할 수 있어요.

직육면체의 겉넓이 = 여섯 면의 넓이의 합 = 합동인 세 면의 넓이의 합 × 2

직육면체의 겉넓이를 구해 볼까요?

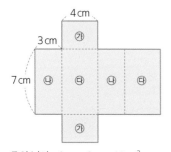

㉮의 넓이=4cm × 3cm=12cm²
㉯의 넓이=3cm × 7cm=21cm²
㉰의 넓이=4cm × 7cm=28cm²

직육면체의 겉넓이 = 여섯 면의 넓이의 합
$$= 합동인\ 세\ 면의\ 넓이의\ 합 \times 2$$
$$= (㉮ + ㉯ + ㉰) \times 2$$
$$= (12cm^2 + 21cm^2 + 28cm^2) \times 2$$
$$= 61cm^2 \times 2 = 122cm^2$$

정육면체의 겉넓이는 어떻게 구할까요?

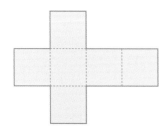

정육면체도 직육면체와 같은 방법으로 겉넓이를 구하면 돼요. 다른 점이 있다면 정육면체는 네 변의 길이가 같은 직사각형인 정사각형 6개(모두 합동)로 이루어져 있다는 것이에요. 그래서 정육면체는 정사각형 1개의 넓이를 구한 후, 6을 곱하면 겉넓이를 알 수 있어요.

정육면체의 겉넓이 = 여섯 면의 넓이의 합 = 한 면의 넓이 × 6

정육면체의 겉넓이를 구해 볼까요?

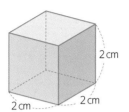

정육면체의 겉넓이 = 여섯 면의 넓이의 합

= 한 면의 넓이 × 6

= (2cm × 2cm) × 6

= 4cm² × 6 = 24cm²

개념 다지기

- 음료수 캔과 과자 상자의 겉넓이를 구해 보세요.(원주율: 3)

(1)

2cm

9cm

(2)

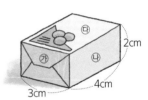

㉰

2cm

㉮ ㉯

3cm 4cm

핵심 콕콕

입체도형의 겉넓이를 구할 때는 전개도를 생각하자!

부피, 어떻게 구하나요?

부피는 무엇일까요?

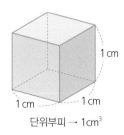

단위부피 → 1cm³

넓이가 평면도형이 평면에서 차지하는 크기라면 부피는 입체도형이 공간에서 차지하는 크기

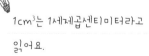

1cm³는 1세제곱센티미터라고 읽어요.

입니다. 그렇기에 넓이와 마찬가지로 부피를 구할 때도 부피의 기본단위를 사용해요. 부피의 기본단위인 단위부피는 한 변의 길이가 1cm인 정육면체의 부피 1cm³예요. 단위부피 개수를 통해 부피를 구할 수 있어요.

직육면체의 부피를 구하는 방법

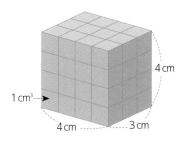

1cm³의 단위부피가 가로에 4개, 세로에 3개 있어요. 여기에 높이가 4층이기에 총 48($4 \times 3 \times 4 = 48$)개의 단위부피가 들어간다는 것을 알 수 있어요. 이를 바탕으로 직육면체의 부피를 구하는 방법은 아래와 같이 정리할 수 있어요.

> **직육면체의 부피 = 가로에 들어가는 개수 × 세로에 들어가는 개수 × 층**

가로에 들어가는 단위부피의 개수는 가로 길이와 같고, 세로에 들어가는 개수는 세로 길이와 같아요. 또한, 층은 높이와 같기에 직육면체의 부피는 다음과 같이 구한다는 것을 알 수 있어요.

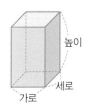

> **직육면체의 부피 = 가로 길이 × 세로 길이 × 높이**

직육면체의 부피를 구해 볼까요?

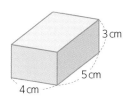

직육면체의 부피 = 가로 길이 × 세로 길이 × 높이

= 4cm × 5cm × 3cm = 60cm³

✦✦✦✦✦✦✦✦✦✦✦✦✦✦✦✦✦✦✦✦✦✦✦✦✦✦✦✦✦✦✦✦✦✦✦✦✦✦

원기둥의 부피를 구하는 방법

원기둥의 부피는 한 변이 1cm인 정육면체를 쌓아서 구하기 어렵기 때문에 원과 마찬가지로 원기둥을 잘게 잘라 다시 붙여서 직육면체로 만들어요. 직육면체의 부피를 이용하면 원기둥의 부피를 구할 수 있어요.

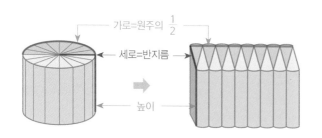

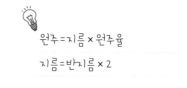

원주＝지름 × 원주율

지름＝반지름 × 2

원기둥의 부피 = 가로 길이 × 세로 길이 × 높이

= 원주의 $\frac{1}{2}$ × 반지름 × 높이

= 지름 × 원주율 × $\frac{1}{2}$ × 반지름 × 높이

= 반지름 × 2 × 원주율 × $\frac{1}{2}$ × 반지름 × 높이

= 반지름 × 원주율 × 반지름 × 높이

⬇

원기둥의 부피 = 반지름 × 반지름 × 원주율 × 높이

원기둥의 부피를 구해 볼까요?(원주율: 3)

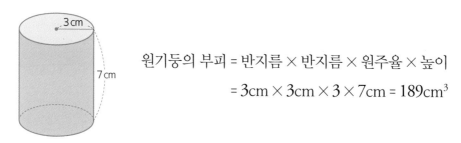

원기둥의 부피 = 반지름 × 반지름 × 원주율 × 높이

= 3cm × 3cm × 3 × 7cm = 189cm³

모든 입체도형의 부피는 이렇게!

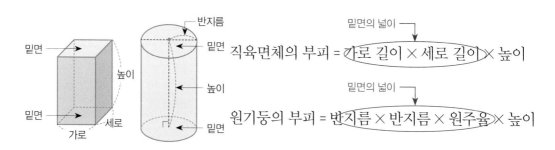

직육면체의 부피 = 가로 길이 × 세로 길이 × 높이

원기둥의 부피 = 반지름 × 반지름 × 원주율 × 높이

어떤 형태의 입체도형도 밑면의 넓이와 높이를 곱하면 부피를 구할 수 있어요.

입체도형의 부피 = 밑면의 넓이 × 높이

입체도형의 부피를 구해 볼까요?

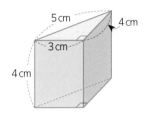

삼각형의 넓이 = 밑변의 길이 × 높이 ÷ 2

$$= 3cm \times 4cm \div 2 = 6cm^2$$

입체도형의 부피 = 밑면의 넓이 × 높이

= 삼각형의 넓이 × 높이

$$= 6cm^2 \times 4cm = 24cm^3$$

• 아래 입체도형의 부피를 구해 보세요.(원주율: 3)

 입체도형의 부피=밑면의 넓이×높이!

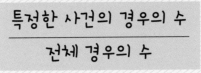

$$\dfrac{\text{특정한 사건의 경우의 수}}{\text{전체 경우의 수}}$$

막대그래프

꺾은선그래프

그림그래프

비율그래프

각 항목의 백분율을 먼저 구하기

원그래프

띠그래프

(자료 전체의 합) ÷ (자료의 수)

평균을 올리는 방법은
자료 전체의 합 크게 하기

평균은 왜 구해야 하나요?

개념 익히기

자료를 대표하는 값, 평균

한 달 동안 1모둠은 책을 22권 읽었고, 2모둠은 20권 읽었어요. 그러면 1모둠 학생들이 2모둠 학생들보다 책을 더 많이 읽은 것일까요? 각 모둠원들의 책 읽기 성적을 대표하는 값은 어떻게 정하면 좋을까요?

이럴 때는 각 자료의 값을 모두 더하여 자료의 수로 나눈 값을 그 자료를 대표하는 값으로 정하면 편리하답니다. 이 값을 '평균'이라 해요.

대푯값의 대표, 평균

어떠한 자료 전체의 특징을 하나의 수로 나타내고 싶을 때 우리는 대푯값을 사용해요. 평균은 가장 대표적인 대푯값이에요. 평균은 실제 존재하지 않는 수치가 되기도 해요. 예) 4.4권

1모둠				
지연	연희	정희	형민	혜진
4	5	4	6	3

2모둠			
해수	지수	유준	호연
3	6	6	5

1모둠 평균 → $(4 + 5 + 4 + 6 + 3) ÷ (5) = 4.4$

2모둠 평균 → $(3 + 6 + 6 + 5) ÷ (4) = 5$

➡ 1모둠 평균   2모둠 평균

　　4.4권　 〈　 5권

평균을 구해 보아요

요일	월	화	수	목	금
도서관 이용자 수	21	34	26	29	32

$(21 + 34 + 26 + 29 + 32) ÷ (5) = 28.4$ ➡ 하루 평균 이용자 수 = 28.4명

└ 자료 전체의 합=142 ┘　└➤ 자료의 개수 (월~금)　　　　└➤ 대푯값 =평균

개념 다지기

• 다음 중 어느 것을 사야 알뜰한 소비자라 할 수 있나요? 답과 이유를 써 보세요.

(1) 1800원　　(2) 1200원

평균=(자료 전체의 합)÷(자료의 수)

평균을 올리려면 어떻게 해야 하나요?

평균을 올리는 여러 가지 방법

과목	국어	수학	사회	과학
점수	90	80	82	60

준형이의 이번 시험 평균을 먼저 구해 보아요.

$(90 + 80 + 82 + 60) \div (4) = 78$ ➡ 네 과목 평균 = 78점

평균 78점에서 5점이 더 오르면 평균 83점이에요. 평균 5점을 더 올리기 위해서는 과목마다 5점씩 올라야 해요. 5점씩 네 과목이니까 총 20점을 올리면 되겠네요.

$$(95 + 85 + 87 + 65) \div (4) = 83 \implies \text{네 과목 평균} = 83\text{점}$$

과목당 5점씩 오르는 방법도 있지만, 한 과목에서 20점을 올려도 돼요. 또 두 과목을 각각 10점씩 더 맞아도 되지요. 평균을 올리는 방법은 여러 가지예요.

① 과학을 더 열심히 공부해서 20점 올린다.
　　　　　　　　　　↳ 60점+**20점**=80점

② 자신 있는 국어를 100점 맞고, 과학은 10점 올린다.
　　　　　　　↳ 90점+**10점**=100점　　↳ 60점+**10점**=70점

③ 수학과 사회를 각각 10점씩 올려 90점, 92점을 받는다.
　　　80점+**10점**=90점 ◀　　　↳ 82점+**10점**=92점

어떤 과목에서 몇 점을 올리느냐는 달랐지만, ①, ②, ③번 모두 총점이 20점 올랐기 때문에 평균이 5점 늘어나게 됩니다.

준결승에 진출하려면 어떻게 해야 할까요?

예진이네 반

1차	2차	3차	4차	5차
37	22	27	31	□

예진이네 학교에서 단체 줄넘기 대회를 했어요. 5차까지 있는 예선전의 평균이 30번 이상이어야 준결승에 진출할 수 있다면 예진이네 반은 마지막 5차 예선에서 적어도 몇 번을 넘어야 준결승에 진출할 수 있을까요?

원하는 평균값이 30번 이상이기 때문에 원하는 총점은 30(번) × 5(회) = 150(번) 이상이 되어야 해요. 37 + 22 + 27 + 31 + □의 값이 30 × 5의 값과 같거나 커야 하는 것이지요. 따라서 5차 예선 때 예진이네 반은, 33번을 넘거나 그보다 더 많이 넘어야 준결승에 진출할 수 있어요.

$$117 + \square \geq 150$$

동구네 반

1차	2차	3차	4차	5차
15	21	49	17	□

　동구네 반도 5차 예선에서 평균 30점이 넘어야 준결승에 진출할 수 있어요. 동구네 반은 5차 예선에서 줄넘기를 몇 번 이상 넘어야 준결승에 진출할 수 있을까요?

　동구네 반 학생들이 단체 줄넘기 4차 예선까지 뛴 횟수(15 + 21 + 49 + 17)를 모두 더하면 102예요. 동구네 반 역시 150번 이상을 뛰어야 준결승에 진출할 수 있기 때문에 5차에서 넘어야 하는 줄넘기 횟수는 48번 이상이라는 것을 알 수 있어요.

$$102 + \square \geq 150$$

개념 다지기

● 보라와 소유의 시험 성적 평균이 같다고 할 때, 소유의 국어 점수를 구해 보세요.

보라

국어	수학	사회	과학
85	80	75	80

소유

국어	수학	사회	과학
□	80	80	100

핵심 콕콕 　평균을 올리는 방법을 알고 싶다면, '총점'을 올리는 여러 가지 방법을 생각하자!

가위를 두 번 낸 친구는 다음번에 또 가위를 낼까요?

개념 익히기

가능성을 알아보는 방법

우선 친구가 낼 수 있는 모든 종류의 수를 생각해 보세요. 가위바위보에서 친구가 낼 수 있는 것은 가위, 바위, 보 이렇게 세 가지예요. 그중 한 가지만 골라 낼 수 있으므로 그 가능성을 수로 나타내면 $\frac{1}{3}$ 이 된답니다.

경우의 수

경우의 수란 어떤 일이 일어날 수 있는 가짓수예요.
예를 들어 가위바위보를 할 때 낼 수 있는 것은 가위, 바위, 보 세 가지이기 때문에 경우의 수는 '3'이에요.

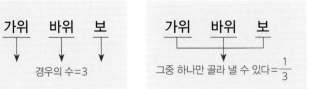

친구가 첫 번째에 가위를 낼 가능성은 $\frac{1}{3}$이고 두 번째에 가위를 낼 가능성도 $\frac{1}{3}$, 세 번째에 가위를 낼 가능성 또한 $\frac{1}{3}$이에요. 친구가 앞서 가위를 두 번 냈든 세 번 냈든 상관없이 이번 판에 가위를 낼 가능성은 $\frac{1}{3}$이 되는 것이지요.

친구가 두 번 연속으로 가위를 냈다고 해서 다음번에도 가위를 낼 가능성이 클 거라고 예상하는 것은 잘못된 생각이랍니다. 친구가 가위를 낼 가능성은 언제나 $\frac{1}{3}$로 똑같으니까요.

 +++

어떤 일이 일어날 수 있는 정도, 가능성

주머니 속에 흰색 바둑돌 3개와 검은색 바둑돌 1개가 있어요. 주머니에서 꺼낸 바둑돌이 검은색일 가능성을 수로 나타내는 방법은 아래와 같아요.

$$\frac{\text{검은색 바둑돌이 나올 경우의 수}}{\text{전체 바둑돌의 수}} = \frac{1}{4}$$

가능성이 $\frac{1}{4}$이라는 것은 대략 네 번 정도 시도했을 때 원하는 것을 얻는 경우가 한 번 정도 된다는 뜻이에요. 하지만 네 번 시도했을 때 반드시 한 번은 꺼낼 수 있다는 뜻은 아니랍니다. 네 번 중에서 한 번도 못 꺼낼 수도 있고, 또 두 번 만에 원하는 것을 꺼낼 수도 있어요. $\frac{1}{4}$이라는 수는 어떤 일이 일어날 수 있는 정도를 수로 나타낸 것이지 반드시 일어날 일을 나타내는 것은 아니에요.

이렇게 가능성을 수치로 나타내면 확실하지 않은 것에 대해 판단을 내릴 때 기준으로 사용할 수 있답니다. 가능성은 수로 나타낼 때 분수로 나타내므로 가장 클 때는 1이 되고, 가장 작을 때는 0이 돼요.

가능성이 1일 때와 0일 때

주머니 속에 검은색 바둑돌 5개가 있어요. 내가 뽑고 싶은 바둑돌이 검은색이라면 몇 번을 뽑아도 검은색이 나올 거예요. 이럴 때 가능성은 '1'이에요. 어느 것을 뽑아도 내가 원하는 바둑돌을 뽑을 수 있다는 뜻이지요.

반대로, 주머니에 검은 바둑돌만 5개 있을 때 내가 뽑고 싶은 바둑돌이 흰색이면 가능성은 '0'이 되어요. 몇 번을 뽑아도 흰색 바둑돌이 나오지 않기 때문이에요.

● 다음과 같은 숫자 카드를 모두 뒤집어 섞었습니다. 한 장을 뽑아 '3'이 나올 가능성을 분수로 나타내 보세요.

 가능성을 수로 나타낼 때는 $\dfrac{\text{특정한 사건의 경우의 수}}{\text{전체 경우의 수}}$

그래프, 왜 여러 가지로 그려야 하나요?

다양한 그래프의 특성

조사한 수나 내용을 한눈에 알아보기 쉽게 점, 직선, 곡선, 막대, 그림 등으로 표현한 것을 '그래프'라고 해요. 그래프는 한눈에 쉽게 이해할 수 있어서 복잡하고 어려운 내용도 알기 쉽게 전달할 수 있어요.

만화에서는 학생들이 가장 좋아하는 과목을 알아보고자 했으니까, 가장 큰 값과 가장 작은 값을 한눈에 알 수 있는 막대그래프를 사용하는 것이 좋아요. 이렇게 어떤 그래프에 나타내는 게 좋을지 결정하기 위해서는 그래프의 서로 다른 특징을 알아야 한답니다.

막대그래프

막대그래프는 자료를 비교할 때 사용해요. 가장 큰 값과 가장 작은 값을 한눈에 알 수 있지요.

왼쪽 막대그래프를 보면 햄버거를 가장 좋아하는 학생은 8명으로 가장 많고, 과자를 가장 좋아하는 학생은 3명으로 가장 적다는 것을 알 수 있어요.

꺾은선그래프

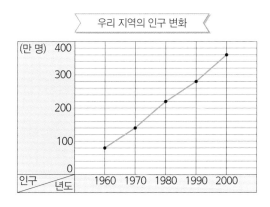

꺾은선그래프는 자료의 점차적인 변화를 나타내요. 그래서 변화하는 모습을 쉽게 알 수 있어요.

왼쪽 꺾은선그래프를 보면 우리 지역은 1960년도부터 2000년도까지 계속 인구가 증가했다는 것을 알 수 있어요.

그림그래프

마을	소비량
미소	
영화	
반달	

마을별 생수 소비량

🍶 100상자
🍶 10상자

그림그래프는 간단한 자료를 보여 줄 때 그림 기호를 사용해서 나타내요. 위치나 지역별 수량이 많은지 적은지 한눈에 알 수 있지요.

예를 들어 마을별 생수 소비량을 그림그래프로 나타내면 마을별로 얼마나 생수를 소비하고 있는지 한눈에 알 수 있어요.

어떤 그래프를 선택하면 좋을까요?

① 몸무게 변화   ② 지역별 포도 생산량   ③ 좋아하는 과일별 학생 수

몸무게 변화는 점차적인 모습을 쉽게 알 수 있는 꺾은선그래프를 사용하는 것이 좋아요. 지역별 포도 생산량은 지역별 수량을 한눈에 보기 쉬운 그림그래프가 편리하고, 좋아하는 과일별 학생 수는 가장 많은 학생들이 좋아하는 과일과 가장 적은 학생들이 좋아하는 과일을 쉽게 파악할 수 있도록 막대그래프를 사용하는 것이 좋아요.

- 그래프를 보고 8일의 낮 최고 기온이 7일보다 높을지 낮을지 예상하고, 그렇게 생각한 이유는 무엇인지 써 보세요.

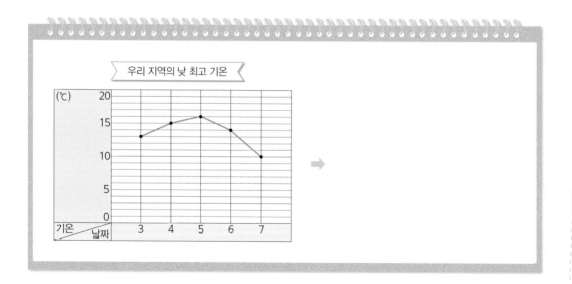

 그래프의 특징을 파악해서 가장 적합한 그래프를 사용하자!

비율그래프, 어떻게 그려야 하나요?

179

개념 익히기

원그래프와 띠그래프

원그래프는 전체에 대한 각 항목의 비율을 원 모양에 나타낸 그래프예요. 띠그래프는 마찬가지로 띠 모양에 각 항목의 비율을 나타낸 그래프입니다.

원과 띠는 전체가 100%예요. 그래서 원그래프나 띠그래프를 그리기 위해서는 먼저 각 항목의 백분율을 구해야 해요. 백분율 합계가 100%가 되면, 각 항목이 차지하는 백분율만큼 원과 띠를 나누면 된답니다.

막대그래프나 꺾은선그래프, 그림그래프 등은 각 항목별 크기를 알아보거나 비교할 수 있지만, 각 항목의 크기가 전체 중 얼마를 차지하는지 한눈에 알아보기는 어려워요. 원그래프나 띠그래프 같은 비율그래프는 전체를 100으로 하기 때문에 전체에 대한 각 항목의 크기를 알아보기 편리하답니다.

이때 원 그래프를 나누는 방법은 다음과 같아요. 아래 그림을 보면 원의 둘레가 20칸으로 나뉘어져 있는 것을 알 수 있어요. 원의 중심에서부터 선을 그으면 모두 20칸으로 나눌 수 있지요. 원 전체를 100%로 본다고 했으니까 한 칸이 나타내는 크기는 5%가 됩니다.

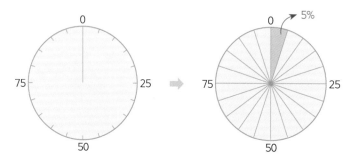

띠그래프를 나누는 방법도 원그래프와 같아요. 다음 그림을 잘 살펴보면, 띠그래프도 전체가 20칸으로 나뉘어져 있는 것을 알 수 있어요. 이것 또한 한 칸이 5%를 차지하는 것이죠.

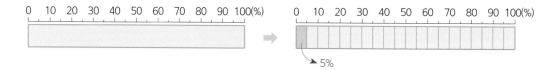

개념 플러스 ✦✦✦✦✦✦✦✦✦✦✦✦✦✦✦✦✦✦✦✦✦✦✦✦✦✦✦✦✦✦✦✦✦✦✦✦✦

그래프에 적용하면 이렇게!

> 배우고 싶은 악기

악기	피아노	첼로	드럼	장구	기타	합계
학생 수	90	30	20	50	10	200
백분율(%)	45	15	10	25	5	100

전체 학생 수가 200명이니 전체가 100명이라고 생각하고 학생 수를 모두 2로 나누면 백분율이 구해져요. 이렇게 구한 백분율을 모두 더하면 100%가 되지요. 나눈 각 항목의 명칭을 쓰고 백분율의 크기를 쓰면 원그래프와 띠그래프가 완성돼요.

원그래프

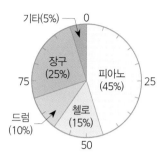

띠그래프

● 다음 띠그래프를 보고 알 수 있는 것이 무엇인지 써 보세요.

학교 폭력 유형별 피해(단위:%, 중복 응답)

자료: 교육부

출발!

1

분수

2

소수

우와!!

3

도형

4

비

헥헥!

6

통계

힘내자!

5

측정

1 분수

16쪽

● 최소공배수: 60, 최대공약수: 6

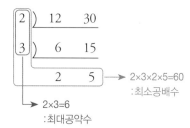

$2 \times 3 \times 2 \times 5 = 60$
:최소공배수

$2 \times 3 = 6$
:최대공약수

20쪽

● $\dfrac{9}{10} > \dfrac{6}{7} > \dfrac{5}{6} > \dfrac{4}{5} > \dfrac{3}{4}$

●● $\dfrac{1}{9} < \dfrac{1}{7} < \dfrac{1}{5} < \dfrac{1}{3} < \dfrac{1}{2}$

23쪽

● $\dfrac{4}{10}, \dfrac{6}{15}, \dfrac{8}{20}, \dfrac{10}{25}, \dfrac{12}{30}$

$\dfrac{2 \times 2}{5 \times 2} = \dfrac{2 \times 3}{5 \times 3} = \dfrac{2 \times 4}{5 \times 4} = \dfrac{2 \times 5}{5 \times 5} = \dfrac{2 \times 6}{5 \times 6} \cdots$

26쪽

● $\left(\dfrac{21}{28}, \dfrac{8}{28}\right) \left(\dfrac{42}{56}, \dfrac{16}{56}\right) \left(\dfrac{63}{84}, \dfrac{24}{84}\right)$

29쪽

● $\dfrac{5}{9}$ L

$\dfrac{7}{9} - \dfrac{2}{9} = \dfrac{5}{9}$

●● $\dfrac{5}{7}$

$\dfrac{2}{7} + \dfrac{3}{7} = \dfrac{5}{7}$

32쪽

● $\dfrac{7}{10}$

$\dfrac{1}{2} + \dfrac{1}{5} = \dfrac{1 \times 5}{2 \times 5} = \dfrac{1 \times 2}{5 \times 2} = \dfrac{5}{10} + \dfrac{2}{10} = \dfrac{7}{10}$

35쪽

● $\dfrac{1}{4} + \dfrac{1}{4} + \dfrac{1}{4} + \dfrac{1}{4} + \dfrac{1}{4} = \dfrac{1}{4} \times 5 = \dfrac{5}{4}$

$= 1\dfrac{1}{4}$

●● $8\dfrac{1}{3}$

$\dfrac{5}{6} \times 10 = \dfrac{5}{\cancel{6}_3} \times \cancel{10}^5 = \dfrac{25}{3} = 8\dfrac{1}{3}$

38쪽

● $\dfrac{3}{10}$

$\dfrac{4}{5} \times \dfrac{3}{8} = \dfrac{\cancel{4}^1}{5} \times \dfrac{3}{\cancel{8}_2} = \dfrac{3}{10}$

42쪽

● 91kg

$28 \times 3\dfrac{1}{4} = \cancel{28}^7 \times \dfrac{13}{\cancel{4}_1} = 7 \times 13 = 91$

●● $23\dfrac{3}{4}$ m

$5\dfrac{3}{7} \times 4\dfrac{3}{8} = \dfrac{\cancel{38}^{19}}{\cancel{7}_1} \times \dfrac{\cancel{35}^5}{\cancel{8}_4} = \dfrac{19 \times 5}{4} = \dfrac{95}{4} = 23\dfrac{3}{4}$

45쪽

● $\dfrac{3}{8}$ m

$3\dfrac{3}{8} \times \dfrac{1}{3} \times \dfrac{1}{3} = \dfrac{\cancelto{9}{27}}{8} \times \dfrac{1}{\cancel{3}} \times \dfrac{1}{\cancel{3}} = \dfrac{3}{8}$

48쪽

● $\dfrac{5}{8}$ L

$5 \div 8 = \dfrac{5}{8}$

51쪽

● 10개

$6\dfrac{1}{4} \div \dfrac{5}{8} = \dfrac{25}{4} \div \dfrac{5}{8} = \dfrac{\cancel{25}}{\cancel{4}} \times \dfrac{\cancelto{2}{8}}{\cancel{5}} = 5 \times 2 = 10$

2 소수

59쪽

● 5.27×10=52.7
5.27×100=527
5.27×1000=5270
5.27×10000=52700
5.27×100000=527000
5.27×1000000=5270000

42×0.1=4.2
42×0.01=0.42
42×0.001=0.042
42×0.0001=0.0042
42×0.00001=0.00042
42×0.000001=0.000042

62쪽

●

3×0.7은 3의 0.7배($\dfrac{7}{10}$배)이므로 전체의 0.7($\dfrac{7}{10}$)을 색칠하면 돼요. 모두 열 칸이기 때문에 전체의 0.7($\dfrac{7}{10}$)은 일곱 칸이에요. 한 칸의 크기가 0.3이 되므로, 색칠한 부분은 2.1이랍니다.

65쪽

● 0.245

$0.35 \times 0.7 = \dfrac{35}{100} \times \dfrac{7}{10} = \dfrac{35 \times 7}{100 \times 10} = \dfrac{245}{1000}$
$= 0.245$

소수 두 자릿수×소수 한 자릿수=소수 세 자릿수

●● 0.003

$0.06 \times 0.05 = \dfrac{6}{100} \times \dfrac{5}{100} = \dfrac{6 \times 5}{100 \times 100} = \dfrac{30}{10000}$
$= 0.0030$

소수 두 자릿수×소수 두 자릿수 = 소수 네 자릿수
소수점 아래 마지막에 0이 있는 경우, 0은 생략해요.

68쪽

● (1) 19.5
(2) 12.78
(3) 12.008

71쪽

● (1) 4.3kg

$51.6 \div 12 = \dfrac{516}{10} \div 12 = \dfrac{\cancelto{43}{516}}{10} \times \dfrac{1}{\cancel{12}} = \dfrac{43}{10} = 4.3$

(2) 4.3kg

$516 \div 12 = 43 \rightarrow 51.6 \div 12 = 4.3$

(3) 4.3kg

$$
\begin{array}{r}
4.3 \\
12\,)\overline{5\,1.6} \\
\underline{4\,8} \\
3\,6 \\
\underline{3\,6} \\
0
\end{array}
$$

74쪽

(1) 9배

$2.52 \div 0.28 = 2.52 - 0.28 - 0.28 - 0.28 - 0.28 -$
$0.28 - 0.28 - 0.28 - 0.28 - 0.28 = 0$
따라서 $2.52 \div 0.28 = 9$

(2) 9배

$2.52 \div 0.28 = \dfrac{252}{100} \div \dfrac{28}{100} = 252 \div 28 = 9$

(3) 9배

$$
\begin{array}{r}
9 \\
0.28\,)\overline{2.52} \\
\underline{2\,5\,2} \\
0
\end{array}
$$

77쪽

$$
\begin{array}{r}
5 \longrightarrow \text{자연수 부분까지의 몫} \\
4\,)\overline{21.6} \\
\underline{20} \\
1.6 \longrightarrow \text{나머지}
\end{array}
$$

검산: $4 \times 5 + 1.6 = 21.6$

3 도형

82쪽

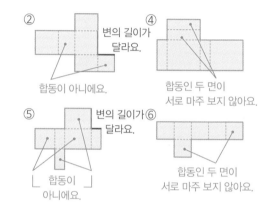

85쪽

②, ④, ⑤, ⑥

② 변의 길이가
달라요.

합동이 아니에요.

④

합동인 두 면이
서로 마주 보지 않아요.

⑤ 변의 길이가
달라요.

합동이
아니에요.

⑥

합동인 두 면이
서로 마주 보지 않아요.

88쪽

정육면체는 직육면체라고 할 수 있다. (○)
직육면체는 정육면체라고 할 수 있다. (×)
직육면체의 면은 모두 정사각형이다. (×)
정육면체의 면은 모두 정사각형이다. (○)
정육면체의 면은 모두 직사각형이다. (○)
직육면체의 면은 모두 직사각형이다. (○)

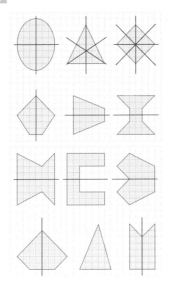

타원, 정삼각형, 정사각형은 대칭축을 여러 개 그릴 수 있어요.

I, N, S, Z

방법1

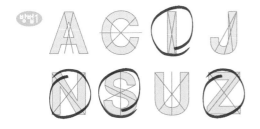

대칭의 중심에서 각각의 대응점까지의 거리가 같은 지 확인해 대칭의 중심까지의 거리가 같은 대응점을 찾을 수 있는지 확인해요. I, N, S, Z는 대응점을 찾을 수 있지만 A, C, J, U는 대응점을 찾을 수 없어요.

방법2

〈180° 돌린 모습〉

대칭의 중심을 기준으로 180° 돌려서 겹쳐지는 도형을 찾아요.

① 70˚

② 5cm

점대칭 도형에서 대칭의 중심을 기준으로 180° 돌렸을 때, 겹쳐지는 변은 대응변, 겹쳐지는 각은 대응각이라고 해요. 즉, 대응변의 길이와 대응각의 크기는 서로 같아요.

(1) 가장 적은 수: 15개, 가장 많은 수: 23개

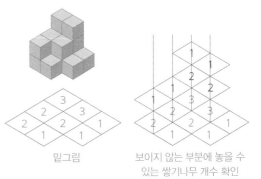

밑그림

보이지 않는 부분에 놓을 수 있는 쌓기나무 개수 확인

보이는 부분의 쌓기나무
개수: 1+1+1+2+2+2+3+3=15

보이지 않는 쌓기나무 최대
개수: 1+1+1+1+2+2=8

쌓기나무를 쌓을 때 필요한 가장 적은 개수 15개는 보이는 부분만 세었을 때예요. 뒤쪽 보이지 않는 부분에 쌓기나무를 최대 8개 더 쌓을 수 있기 때문에 가장 많은 수는 15개와 8개를 더한 23개랍니다.

(2) 가장 적은 수: 12개, 가장 많은 수: 16개

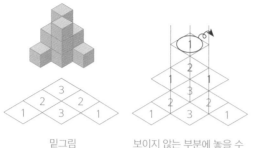

밑그림

보이지 않는 부분에 놓을 수 있는 쌓기나무 개수 확인

보이는 부분의 쌓기나무
개수: 1+1+2+2+3+3=12

보이지 않는 쌓기나무 최대
개수: 1+1+2=4

보이는 부분의 쌓기나무 개수는 12개예요. 뒤쪽 보이지 않는 부분에 쌓기나무를 최대 4개 더 쌓을 수 있기 때문에(면과 면이 닿지 않은 부분은 세지 않아요.) 가장 많은 수는 12개와 4개를 더한 16개입니다.

102쪽

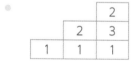

1. 위에서 본 모양(=밑그림)을 기준으로 앞과 옆에서 가장 높은 층은?

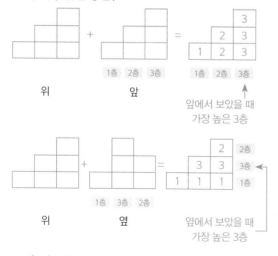

위   앞

1층 2층 3층   1층 2층 3층

앞에서 보았을 때
가장 높은 3층

위   옆

1층 3층 2층

옆에서 보았을 때
가장 높은 3층

2. 위, 앞, 옆 모양을 통해 각 위치에 놓일 쌓기나무의 개수 예측하여 비교하기

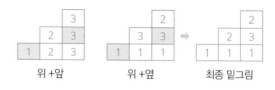

위 +앞   위 +옆   최종 밑그림

105쪽

공통점: 밑면이 사각형, 옆면이 4개

차이점: 사각뿔의 밑면은 1개이고 사각기둥의 밑면은 2개, 사각뿔의 옆면은 삼각형이고, 사각기둥의 옆면은 직사각형

108쪽

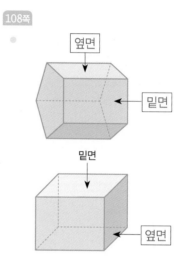

옆면

밑면

밑면

옆면

95쪽

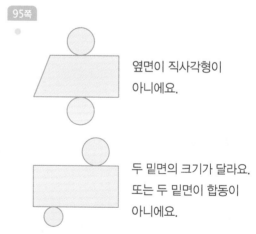

옆면이 직사각형이 아니에요.

두 밑면의 크기가 달라요. 또는 두 밑면이 합동이 아니에요.

원기둥의 전개도에서 두 밑면은 합동인 원이고, 옆면은 직사각형이에요.

188

116쪽

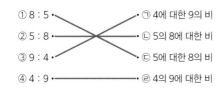

① 8 : 5 •   • ㉠ 4에 대한 9의 비

② 5 : 8 •   • ㉡ 5의 8에 대한 비

③ 9 : 4 •   • ㉢ 5에 대한 8의 비

④ 4 : 9 •   • ㉣ 4의 9에 대한 비

119쪽

(1)

가	나	다
6 : 4	15 : 10	5 : 5

(2)

	가	나	다
비율	$\frac{6}{4}(=\frac{3}{2})$	$\frac{15}{10}(=\frac{3}{2})$	$\frac{5}{5}(=1)$

122쪽

200m

방법1

피라미드의 높이 : 피라미드의 그림자 길이

=나뭇가지의 길이 : 나뭇가지의 그림자 길이

$\square$: 400m = 2m : 4m

$4 \times \square = 400 \times 2$

$4 \times \square = 800$

$\square = 200$

방법2

피라미드의 높이 : 나뭇가지의 길이=피라미드의

그림자 길이 : 나뭇가지의 그림자 길이

$\square$: 2m = 400m : 4m

$4 \times \square = 2 \times 400$

$4 \times \square = 800$

$\square = 200$

125쪽

나: 225g, 친구: 135g

나: $24 \times \frac{5}{5+3} = \overset{3}{\cancel{24}} \times \frac{5}{\cancel{8}} = 3 \times 5 = 15$

친구: $24 \times \frac{3}{5+3} = \overset{3}{\cancel{24}} \times \frac{3}{\cancel{8}} = 3 \times 3 = 9$

초콜릿 24개를 5 : 3으로 나눠 가진 개수는 나 15

개, 친구 9개입니다. 초콜릿 하나의 무게는 15g이

므로 나: 15 × 15g = 225g, 친구: 9 × 15g = 135g의

무게를 가지고 있는 것이랍니다.

나: 18권, 동생: 12권

나: $30 \times \frac{3}{3+2} = \overset{6}{\cancel{30}} \times \frac{3}{\cancel{5}} = 6 \times 3 = 18$

동생: $30 \times \frac{2}{3+2} = \overset{6}{\cancel{30}} \times \frac{2}{\cancel{5}} = 6 \times 2 = 12$

128쪽

A가게

A가게

70% 할인 계산: $50000 \times \frac{70}{100} = 500 \times 70 = 35000$

70% 할인 금액: 50000-35000=15000

B가게

50% 할인 계산: $50000 \times \frac{50}{100} = 500 \times 50 = 25000$

50% 할인 금액: 50000-25000=25000

30% 추가 할인 계산: $25000 \times \frac{30}{100} = 250 \times 30 = 7500$

30% 추가 할인 금액: 25000-7500=17500

131쪽

(1) 정비례

x일	1	2	3	4	5	6	⋯
y시간	8	16	24	32	40	48	⋯

x가 2배, 3배, 4배⋯ 늘어날 때, y도 같이 2배, 3배,

4배⋯ 늘어나기 때문에 정비례예요.

(2) 반비례

x대	1	2	3	4	5	6	···
y시간	360	180	120	90	72	60	···

x가 2배, 3배, 4배···로 늘어날 때, y는 $\frac{1}{2}$배, $\frac{1}{3}$배, $\frac{1}{4}$배···로 줄어들기 때문에 반비례예요.

5 측정

136쪽

● **둘레**: 120cm

넓이: 500cm^2

139쪽

● (1) 42cm

(2) 42cm

(1)의 둘레도 42cm, (2)의 둘레도 42cm예요.
(2)번 도형은 (1)번 도형보다 넓이는 줄었지만 둘레
는 똑같아요. 즉, 넓이가 줄었다고 해서 둘레가 줄
어드는 것은 아니에요.

142쪽

● 울산광역시, 서울특별시, 대전광역시

넓이를 비교하기 위해서는 단위를 같게 만들어야 해
요. km^2, ha, a의 단위를 모두 km^{2}로 바꿔 보아요.
울산광역시: 1056.6km^2
서울특별시: 60541ha=605.41km^2(1km^2=100ha
이므로 1ha=0.01km^2)
대전광역시: 5396400a=539.64km^2(1km^2=10000a
이므로 1a=0.0001km^2)
1056.6km^2(울산) 〉605.41km^2(서울) 〉
539.64km^2(대전)

146쪽

● (1) 104cm^2

방법1 ㉮ + ㉯ + ㉰ + ㉱ + ㉲

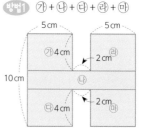

㉮, ㉰, ㉱, ㉲의 넓이는 같아요.
㉮(㉰, ㉱, ㉲)의 넓이 = 가로 × 세로
= 5cm × 4cm = 20cm^2
㉯의 넓이 = 가로 × 세로
= (5cm + 2cm + 5cm) × (10cm – 4cm – 4cm)
= 12cm × 2cm = 24cm^2
도형의 넓이 = ㉮ + ㉯ + ㉰ + ㉱ + ㉲
= 20cm^2 + 24cm^2 + 20cm^2 + 20cm^2 + 20cm^2
= 104cm^2

방법2 ㉮ + ㉯ + ㉰

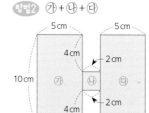

㉮와 ㉰의 넓이는 같아요.
㉮(㉰)의 넓이 = 가로 × 세로
= 5cm × 10cm = 50cm^2
㉯의 넓이 = 가로 × 세로
= 2cm × (10cm – 4cm – 4cm)
= 2cm × 2cm = 4cm^2
도형의 넓이 = ㉮ + ㉯ + ㉰
= 50cm^2 + 4cm^2 + 50cm^2
= 104cm^2

㉮ - ㉯ - ㉰

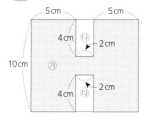

㉯와 ㉰의 넓이는 같아요.

㉮의 넓이 = 가로 × 세로

= (5cm + 2cm + 5cm) × 10cm

= 12cm × 10cm = 120cm^2

㉯(㉰)의 넓이 = 가로 × 세로

= 2cm × 4cm = 8cm^2

도형의 넓이 = ㉮ - ㉯ - ㉰

= 120cm^2 - 8cm^2 - 8cm^2

= 104cm^2

151쪽

◦ (1) 61cm^2

사다리꼴의 넓이 = (아랫변의 길이 + 윗변의 길이)

× 높이 ÷ 2

= (15cm + 11cm) × 7cm ÷ 2

= 26cm × 7cm ÷ 2

= 182cm^2 ÷ 2 = 91cm^2

삼각형의 넓이 = 밑변의 길이 × 높이 ÷ 2

= 15cm × 4cm ÷ 2

= 60cm^2 ÷ 2 = 30cm^2

사다리꼴의 넓이 - 삼각형의 넓이

= 91cm^2 - 30cm^2 = 61cm^2

(2) 76cm^2

사다리꼴의 넓이

= (아랫변의 길이 + 윗변의 길이) × 높이 ÷ 2

= (13cm + 7cm) × 5cm ÷ 2

= 20cm × 5cm ÷ 2 = 50cm^2

삼각형의 넓이 = 밑변의 길이 × 높이 ÷ 2

= 13cm × 4cm ÷ 2

= 52cm ÷ 2 = 26cm^2

사다리꼴의 넓이 + 삼각형의 넓이

= 50cm^2 + 26cm^2 = 76cm^2

157쪽

◦ 25cm^2

정사각형의 넓이 = 한 변의 길이 × 한 변의 길이

= 10cm × 10cm = 100cm^2

원의 넓이 = 반지름 × 반지름 × 원주율

= 5cm × 5cm × 3 = 75cm^2

정사각형의 넓이 - 원의 넓이

= 100cm^2 - 75cm^2 = 25cm^2

161쪽

◦ (1) 132cm^2

밑면의 넓이 = 원의 넓이

= 반지름 × 반지름 × 원주율

= 2cm × 2cm × 3 = 12cm^2

옆면의 넓이 = 직사각형의 넓이

= 밑면(원)의 둘레 × 높이

= 12cm × 9cm = 108cm^2

(밑면의 둘레 = 원의 둘레

= 지름 × 원주율 = 4cm × 3 = 12cm)

원기둥의 겉넓이 = 밑면의 넓이 × 2 + 옆면의 넓이

= 12cm^2 × 2 + 108cm^2 = 132cm^2

(2) 52cm^2

가의 넓이 = 3cm × 2cm = 6cm^2

나의 넓이 = 4cm × 2cm = 8cm^2

다의 넓이 = 4cm × 3cm = 12cm^2

직육면체의 겉넓이 = 여섯 면의 넓이의 합

= 합동인 세 면의 넓이의 합 × 2

= (가 + 나 + 다) × 2

= (6cm^2 + 8cm^2 + 12cm^2) × 2

= 26cm^2 × 2 = 52cm^2

● 675cm³

원의 넓이 = 반지름 × 반지름 × 원주율
= 3cm × 3cm × 3 = 27cm²
직사각형의 넓이 = 가로 × 세로
= 8cm × 6cm = 48cm²
(직사각형의 세로 길이는 원의 지름과 같아요.)
밑면의 넓이 = 원의 넓이 + 직사각형의 넓이
= 27cm² + 48cm² = 75cm²
입체도형의 부피 = 밑면의 넓이 × 높이
= 75cm² × 9cm = 675cm³

6 통계

169쪽

● (1)번 달걀, 개당 가격이 더 저렴하다.

(1)번 달걀 하나의 값: 1800 ÷ 10 = 180
(2)번 달걀 하나의 값: 1200 ÷ 6 = 200

172쪽

● 60점

보라의 평균 = (85 + 80 + 75 + 80) ÷ 4 = 80
소유의 평균 = (□ + 80 + 80 + 100) ÷ 4 = 80
□ = 60

175쪽

● $\frac{1}{5}$

$\frac{\text{특정한 사건의 경우의 수}}{\text{전체경우의 수}} = \frac{4}{20} = \frac{1}{5}$

178쪽

● 낮을 것 같다. 꺾은선그래프는 자료의 점차적인 변화를 보여 주는데, 기온이 계속 낮아지고 있기 때문에 8일 기온은 7일보다 낮아질 것이다.

181쪽

● 2013년에는 2012년보다 금품 갈취나 강제 심부름 비율은 줄어들었지만, 사이버 괴롭힘이나 폭행·감금, 집단따돌림의 비율은 늘어났다.

초등 수학개념 제대로 완성!